The SAS 1983-2014
SAS英陸軍特殊部隊
世界最強のエリート部隊

L・ネヴィル 著
床井雅美 監訳
茂木作太郎 訳

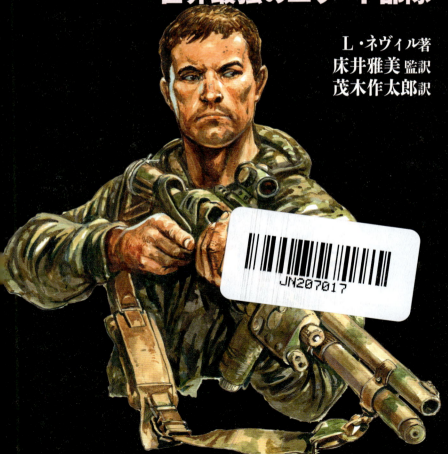

はじめに

　本書は1982年に南大西洋で行なわれた「コーポレート」作戦（フォークランド紛争）以降のＳＡＳ連隊（The Special Air Service Regiment）の姿を紹介するものである。

　「コーポレート」作戦はあえて触れていない。なぜならば、この作戦はそれだけで１冊の本になるほどのテーマであるからだ。

　したがって、本書は1983年以降のＳＡＳ連隊の姿について述べる。当時、連隊は1980年のロンドンのイラン大使館襲撃占拠事件と、その２年後のフォークランド紛争での目覚ましい働きで、自らは望んでいなかった注目を浴びていた。

　世界で最も広く知られた特殊部隊のひとつであるＳＡＳは、口の固さでも有名だ。

　1991年の「グランビー」作戦（湾岸戦争）後に思慮に欠ける回想録が数多く発表されたことから、連隊は隊員と支援隊員に生涯にわたる守秘義務を課した。したがって、ＳＡＳの作戦や訓練を捉えた公式写真は存在せず、公にインタビューに応じる元隊員もいない。

　当然のこととして、本書に掲載した写真は隊員の顔や、そのほかの秘密に属する対象は黒く塗りつぶされており、また記述も情報保全に配慮したものとなった。

写真の多くは派兵中に撮影されたものであり、出典が明記されている場合を除いて、撮影者は不明である。

　もし読者の中で写真の著作権を保持していると思われる方は、オスプレイ社を通じて著者に連絡されたい。喜んで重版時に出典の記載など改訂を行なう。

　最後に編集者のマーティン・ウィンドローと、素晴らしいイラストレーターであるデニス、妻のジョディー、本書の取材、執筆中の私に情報や知見を与えてくださった大勢の方へ、感謝の気持ちを捧げる。

目　次

はじめに　2

略語解説　7

第1章　SASの編制と隊員の選抜　9

デイビッド・スターリングによって創設／３つのSAS連隊／フォークランド紛争での襲撃作戦／SAS連隊の編制／SASの隊員選抜プログラム

第2章　伝説が生まれた日　19

「ニムロッド」作戦／対テロ任務の「パゴタ・チーム」誕生／全員がCTとCQB任務に精通／各国対テロ部隊に訓練指導／世界のテロ事件の現場へ／SASが公式に認めた人質救出作戦／進化するSASの対テロ技術／常時２個小隊がCT即応待機／ロンドン同時爆破テロ事件

第3章　IRAとの死闘　37

監視と待ち伏せ攻撃／射殺は正当か？─やっかいな疑惑／「テロリストに命乞いの機会はない」／待ち伏せ攻撃「ジュディー」作戦／ジブラルタルでの「フラウィウス」作戦／波紋を呼んだカンボジアへの派遣

第4章　湾岸戦争 (1990～1991年) 54

活躍の場を与えられなかったSAS連隊／イラク補給路の監視任務に従事／「スカッド発射機」急襲作戦／「ブラボー・ツー・ゼロ」論争／分断されたブラボー・ツー・ゼロ隊／イラク軍正規部隊との死闘／スカッド・ミサイルの脅威を減少させた／砂漠機動作戦技術の完成／回顧録の出版差し止め

第5章　バルカン半島へ派遣 (1994～1999年) 78

セルビア兵との戦い／戦犯容疑者の追跡／コソボの独立支援

第6章　シエラレオネでの人質救出 (2000年) 83

「バラス」作戦／知られざるSASの活躍

第7章　アフガン戦争Ⅰ (2001～2006年) 91

無謀な「トレント作戦」／第21と第23連隊のアフガン任務

第8章　イラク戦争 (2003～2009年) 95

イギリス特殊部隊「ロー」作戦／SBSの不名誉な戦い／SASとデルタ・フォースの強固な関係／　前政権重要人物の追跡／洗練されたSASの戦術／手荒な米軍の捕虜の取り扱い／「魔法の杖」でテロリストを追いつめる／延期された派兵期間／イラク南部バスラでの戦い／人質救出作戦／SAS隊員の救出作戦／SASへの惜しみない賛辞／作戦成功の影に尊い犠牲／「クライトン」作戦の終了

第9章　アフガン戦争Ⅱ（2006〜2014年）126

「キンドル」作戦―タリバンとの戦い／殺害者リスト／高価値目標の拘束・殺害作戦／人質を全員無傷で救出／「集落安定化」作戦／多発する新たな戦い／いまも続くアフガニスタンでの作戦行動

第10章　SASの兄弟部隊　143

新たなUKSF支援部隊／オーストラリアとニュージーランドのSAS／SASの血筋をひくヨーロッパ特殊部隊

第11章　SASの小火器　148

出番が減ったMP5サブマシンガン／モデルL119A1ライフル／スナイパー・ライフル／進化するスタン・グレネード

［イラスト］

制服と装備品（Ⅰ） 14

制服と装備品（Ⅱ） 30

制服と装備品（Ⅲ） 44

制服と装備品（Ⅳ） 72

車両（Ⅰ） 88

車両（Ⅱ） 112

SASの主要な小火器 152

SASの特殊用途用武器と部隊章 156

参考文献 164

監訳者のことば 166

略語解説

ACOG	新型戦闘光学照準器
ACU	陸軍標準戦闘服
AFV	装甲戦闘車両
AI	アキュラシー・インターナショナル
ANA	アフガニスタン陸軍
ANP	アフガニスタン国家警察
ASU	戦闘行動隊
ATO	弾薬技術兵
AWCM	極地戦スーパー・マグナム
CAD	戦闘攻撃犬
CAGE	クレイ戦闘装備
CIA	中央情報局（アメリカ）
COIN	対反乱勢力
CQB	近接戦闘
CRW	対革命ゲリラ戦闘
CS	催涙
CT	対テロリスト
DA	計画行動
DCU	砂漠迷彩戦闘服
DPM	イギリス軍迷彩服
DPM	イギリス軍迷彩服
DPV	砂漠パトロール車
DSF	特殊部隊司令官
E&E	脱出・逃亡
ECBA	強化戦闘ボディー・アーマー
E-MOE	爆破突入
EOD	爆発物処理
FBI	連邦捜査局（アメリカ）
FRE	前政権部隊（イラク）
GIGN	国家憲兵隊治安介入部隊（フランス）
GPMG	汎用機関銃
GSG9	ドイツ連邦国境警備隊グループ9
HAHO	高高度降下高高度開傘
HALO	高高度降下低高度開傘
HEAT	成形炸薬弾
HERA	人間環境偵察・分析
IA	即時行動
IED	即席爆発物
INS	反乱勢力
IRA	アイルランド共和軍
ISAF	国際治安支援部隊
IS	自称イスラム国
ISR	情報・監視・偵察
ISTAR	情報・監視・目標取得・偵察
JPEL	統合優先人物リスト
JSOC	統合特殊作戦コマンド（アメリカ）
LAW	軽装甲兵器
LMG	軽機関銃
LMG	軽機関銃
LSV	軽攻撃車
LZ	着陸地点
MACA	一般行政機関への軍事的援助法
MI5	保安局（SS）
MOLLE	可変式軽量耐荷重装備
MSR	主要補給路
MTP	複合環境迷彩
NATO	北大西洋条約機構
NSTV	非標準戦術車両
OP	監視ポスト
PIRA	アイルランド共和軍暫定派
PLCE	個人携行装具
PM	精密マガジン
PMV	防護機動車
PMV	防護機動車
RAF	イギリス空軍
RAV	脱着可能戦闘ベスト
RMP	王立憲兵隊

RMS	連隊先任曹長	WMD	大量破壊兵器
ROE	交戦規定	WMIK	武器架台搭載車、武装
RPG	ロケット推進グレネード		ランド・ローバーなど
RUC	王立アルスター警察隊		
RUF	革命統一戦線		
	（シエラレオネ）		
RV	合流地点		
SAM	地対空ミサイル		
SAS	特殊空挺部隊		
SASR	特殊空挺連隊		
	（オーストラリア）		
SBS	特殊舟艇部隊		
SCO12	警視庁監視チーム		
	（ロンドン）		
SERE	生存・回避・抵抗・離脱		
SF	特殊部隊		
SFSG	特殊部隊支援群		
SIS	秘密情報部（MI6）		
SOF	特殊作戦部隊		
SOFLAM	特殊作戦部隊用レーザー		
	・マーカー		
SOHPC	硬質プレート・キャリア		
SP	スペシャル・プロジェクト		
	（第22SAS連隊CTチーム）		
SRR	特殊偵察連隊		
SRV/OAV	監視偵察車／攻撃挺進車		
SSE	精密現地調査		
SVBIED	自殺車両IED		
TACBE	戦術ビーコン		
UAV	無人航空機		
UBACS	アンダー・ボディー・		
	アーマー戦闘シャツ		
UCIW	超小型個人武器		
UKSF	イギリス（連合王国）		
	特殊部隊		
UNPROFOR	国際連合保護軍		
VRS	セルビア人陸軍		
VSO	集落安定作戦		

第1章
SASの編制と隊員の選抜

デイビッド・スターリングによって創設

イギリス陸軍の特殊空挺部隊（SAS：Special Air Service）を、今さら詳しく紹介する必要はないだろう。

SASは多くの外国の軍隊や法執行機関の特殊部隊のモデルとなっている世界で最も有名な部隊だ。その戦歴も伝説になっているといっていい。

ＳＡＳは1941年にスコッツガーズ（近衛歩兵連隊）の将校、デイビッド・スターリングの先見の明によって創設された。やがて部隊は北アフリカで長距離砂漠戦群とともに枢軸国軍の飛行場や補給拠点を襲撃して、敵を震え上がらせていった。

増強された部隊は1943年から1945年にかけて、イタリアや北西ヨーロッパで挺進作戦に投入されるが、第2次世界大戦が終結すると、ほかの特殊作戦部隊と同様に解隊されてしまった。

3つのSAS連隊

米ソ対立で冷戦が始まり、これを背景にした小規模紛争が各地で勃発すると、イギリスはこれらの戦闘に対応できる特殊部隊の必要性を再認識し、1950年代にＳＡＳを陸軍に1個連隊、国防義勇軍（イギリス陸軍の予備役部隊のひとつ）に2個連隊を新編した。

陸軍の部隊が第22ＳＡＳ連隊、国防義勇軍の2つの部隊は第21ＳＡＳ連隊（アーティスト歩兵）と第23ＳＡＳ連隊とそれぞれ名づけられた。国防義勇軍のＳＡＳ連隊は、2014年までイギリス予備役特殊部隊の中心的な部隊だった。(原著注1)

ＳＡＳは冷戦時期にマラヤ、ボルネオ、オマーン、アデン、ガンビア、北アイルランドで多くの対反乱勢力（COIN：

Counter-insurgency）戦と対テロリスト（CT：Counter-terror-ist）戦を展開した。これらの多くの紛争で、その駐留は公表されず、ＳＡＳは隠密裏に行動した。ＳＡＳは今日も特有の技術をもってイギリスのテロリズム対処を遂行している。

　　原著注1：2014年に第21SAS連隊と第23SAS連隊は、新編された第1情報・監視・偵察（ISR）旅団の隷下に入り、紛争地での人的環境の情報収集・分析（HERA）や警戒・監視など、より幅広い任務が与えられた。

フォークランド紛争での襲撃作戦

　1982年4月にアルゼンチンが南大西洋のフォークランド（マルビナス）諸島に侵攻すると、第22ＳＡＳ連隊隷下の部隊は、占領された島の奪還を目標とする「コーポレート」作戦を支援するため、南大西洋に派兵された。

　この派兵中にＳＡＳ部隊が搭乗したHC.4 シーキング・ヘリコプターが悲劇的にも墜落事故を起こし、連隊は第2次世界大戦以降最大の戦死者を出してしまった。

　その一方で5月14日から15日にかけてのペブル島の襲撃作戦がＳＡＳの戦果として公表されている。

　ＳＡＳはアルゼンチン空軍の対地戦闘能力を無力化するための作戦を実施した。作戦の成功はかつてＳＡＳが行なった北アフリカでの作戦を彷彿させるものだった。

SAS連隊の編制

第22SAS連隊は、単に「連隊（レジメント：Regiment）」と通称され、連隊は「サーベル・スコードロン」と呼ばれる中隊で構成されている。

この奇妙な部隊名は、SAS部隊の創設期にドイツ軍の情報機関を混乱させるためにつけられた。

通常、SAS連隊の態勢は4個中隊のうち、1個が国内における対テロ任務に備えるために本国に残留し、1個が（たとえばアフガニスタンなどに）派兵されていると思われる。

残り2個中隊のうち、1個が出動に備えた短期訓練を、1個が海外派兵に備え、ジャングル戦や砂漠戦に対応した長期の特殊訓練を受けている。

2003年のイラク戦争のような大規模作戦には同時に2個中隊、あるいはそれ以上が海外に派兵されることも珍しいことではない（1990〜1991年の「グランビー」作戦では、3個中隊の多くの隊員がサウジアラビアに派兵された）。

中隊は通常、4個小隊（トゥループと呼称）で編成され、1個小隊は16人の兵士で構成されている。

小隊はそれぞれパラシュート降下、舟艇による水路潜入、山岳踏破など、潜入・機動手段が専門化されている。なおSAS

▶イギリスのSASスペシャル・プロジェクト・チーム（SP）の現用の服装や装備品をとらえた写真はほとんどないが、2006年に撮影されたオーストラリアの対テロ部隊の写真からその一端を知ることができる。写真はオーストラリア特殊空挺部隊東部戦術攻撃隊所属の（SASR）のCT隊員で、「ブラック・キット」を着用し、MP5サブマシンガンとUSPピストルで武装している。暗視ゴーグル用マウントの付いたラビンテックスRBH攻撃バリスティック・ヘルメットにも注目されたい。（Australian Defense Force）

制服と装備品（Ⅰ）
❶アルスター部隊：
第22SAS連隊情報保全群
（北アイルランド・1986年）

　1980年代に北アイルランドに派遣されたSAS"覆面"隊員の典型的な姿である。「ボンバー・ジャケット」、ジーンズ、スエードの砂漠用ブーツを着用し、兵士とは思えぬ髪型と口髭をたくわえている。しかしこの髪型を除くと、SAS分遣隊の隊員は「大衆への溶け込み」が下手だったようで、この格好はまるで外出中の兵士である。

SASの編制と隊員の選抜　15

手にしているのは当時、導入されたばかりのH&K社製のG3Kカービンで、7.62mm×51NATO弾を使用する。G3Kカービンは連隊が使用していたMP5やHK53よりも優れた貫通力を有し、ターゲットが乗る車への射撃などに有効であった。車両への射撃は日常茶飯事であったことからG3Kカービンは隊員に好まれた。

❷第22SAS連隊Ｂ中隊（イラク西部・1991年）
　敵の主要補給路（MSR）に監視所（OP）を設ける任務を帯びた偵察・パトロール隊員。イギリス軍制式規格で、筆ではらったような模様が特徴の迷彩（DPM：Disruptive Pattern Material）の砂漠用パトロール帽をかぶり、フード付きの砂漠用防風スモック（このスモックはSAS創設時から存在し、信じがたいことに50年を経た当時でも、すぐに支給可能な状態にあった）と標準支給の砂漠用DPM戦闘トラウザーを着用している。

　この隊員のロードベアリング・チェスト・リグはアークティス社製の市販品デザインであるが、多くの隊員は支給された個人携行装具（PLCE）ベストを各自でペイントし改造したものか、個人購入した南アフリカ国防軍のM83ベストを着用した。

　手にしているのはL108A1ミニミ軽機関銃（分隊支援火器）で、これはアフガニスタン派兵のため、イギリス陸軍が緊急作戦必需品として調達した短銃身のL110A2ミニミ・パラ軽機関銃よりも10年以上前にSASに採用されたものである。

　隠されたマネーベルトにはソブリン金貨（イギリスの１ポンド金貨）が20枚と「隊員がイギリス大使館もしくは領事館に避難するのを手助けすれば５万ポンドを支払う」とアラビア語と英語で書かれたカードが入っている。

　このチームの隊員はシルク製の脱出マップを携行している。もし自身が敵に捕られた場合は「捜索・救難部隊の護衛部隊の一員であり、ヘリコプターが撃墜された」と答えるよう指示されていた。捕虜となった隊員は少なくとも24時間、身分を偽るよう厳命されており、これは敵に渡ったと考えられる暗号やコールサインを変更するのに必要な時間であった。

❸第22SAS連隊D中隊（サウジアラビア・1990年）

　この隊員はクウェートに侵攻したイラク軍に捕らわれ、「人間の盾」にされた800人の西側諸国国民、日本人、クウェート人の民間人の救出作戦（幸いにして中止になった）に備えた訓練を受けているときの様子。

　CT用標準「ブラック・キット」と標準支給の制服と装備品を着用している。砂漠用のDPM迷彩服は初期の全体的にピンクがかった色合いのまばらなパターンのものだ。ベストはアーマーシールド社製REV25（特殊突入ベスト）で、バリスティック・トラウマ・プレートを追加装着することで防護力を向上できる。

　武器はH&K社製のMP5A3サブマシンガンと、右大腿部の革製ドロップ・ホルスターに入れているL9A1ピストル（ブローニング・ハイパワー）である。実戦では予備の弾倉、G60「フラッシュバン」グレネード、救命ナイフとプラスチック製拘束具の入ったアサルト・ベストを着用する。イラストの目出し帽はその後、ノーメックスの対閃光フードに更新された。CS（催涙）ガスを使う場合、Ｓ10ガスマスクも装着する。

隊員には多様な潜入・機動手段に熟練していることが求められ、全員がパラシュート降下の資格を持っているだけでなく、大半の隊員は高高度降下低高度開傘（HALO）の資格も有している）。

　「ブレード」や「オペレーター」と呼ばれる隊員は戦場医療、爆発物の取り扱い、他国言語や無線などの個人特技・技能の訓練も受けている。

　イギリスのＳＡＳ連隊の場合、1個分隊（部隊の最小単位である分隊は「パトロール」と呼称）は4人（オーストラリアの特殊空挺連隊〔SASR〕は5人）で構成され、この少人数の編成は運用上の柔軟性を確保することを目的にしている。

ＳＡＳは作戦時、任務に応じて２個以上の分隊で編成した部隊で行動する。

ＳＡＳの隊員選抜プログラム

　この最高とされるエリート部隊に入隊を志願する兵士は、「UKSF（イギリス特殊部隊）選抜」と呼ばれる評価プログラムに合格しなければならず、候補者はまた過酷なことで知られる生存・回避・抵抗・脱出（SERE）の各段階の選抜テストを受けなければならない。

　テストは特殊部隊支援群（SFSG）の隊員が、いわば敵側のハンター役となり、志願者がその獲物となって行なわれる。

　評価プログラムは６か月間にも及ぶ。候補者はＳＡＳ隊員としての適性を身体面、精神面、感情面でテストされ、またそれぞれの面でバランスがとれているかも審査される。

　志願者はそのほとんどが一般部隊では最優秀の評価を得ているにもかかわらず、選抜テストを通過できるのは志願者のわずか10パーセント以下にすぎない。

　ここで勝ち残った者だけが部隊章を手にし、ＳＡＳの栄えある証しである“サンドカラー（砂色）”のベレーを着用する権利を手にする。

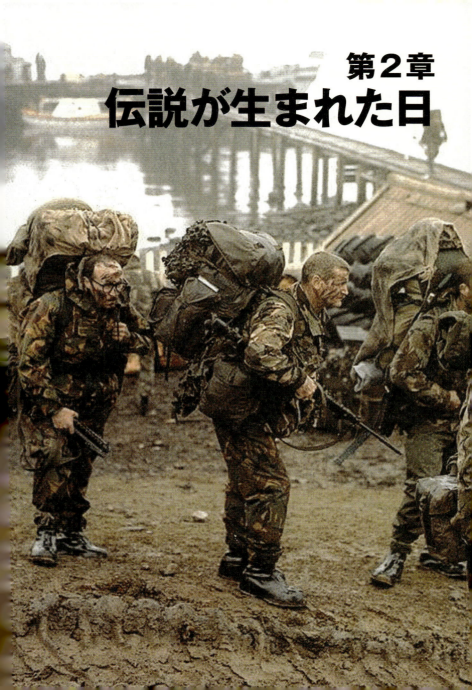

第2章
伝説が生まれた日

「ニムロッド」作戦

1980年5月5日にロンドンのプリンセス・ゲートにあるイラン大使館で人質となっていた20人のうちの1人が殺害されたことが確認され、「ロンドン・ブリッジ」という陳腐な暗号名の作戦が発動された。

4月30日にイラン人テロリストに大使館が占拠されて以来、6人のSASスナイパーが規制線の外側に配置され、このチームの支援のもとで、SAS連隊のB中隊の44人の隊員が「ニムロッド」強襲作戦を開始した。

この作戦で連隊は、その名が世界に知られることになり、この日は現代の軍事史における伝説が生まれた日になった。

ある年齢層以上の者なら、今でも世界ビリヤード選手権のテレビ中継が突如中断され、大使館の外部からの映像に切り替わったことを思い出すだろう。

黒装束の隊員が群れをなして大使館のバルコニーを乗り越え、強化ガラスのドアに爆発物を仕掛け、直後に爆破が起きる模様が放映されたのだ。

隊員たちは直ちに大使館の内部に突入し、その後、自動火器の射撃音とドカンというフラッシュバンの破裂音が続いた。

2003年に撮影されたオーストラリアSASR対テロリストチーム。MP5サブマシンガンとその派生型のMP5A5、MP5SD3、MP5KA1などで武装している。ガスマスクを装着すると視界が制限されるため、エイムポイントの光学照準器は高い位置に取り付けられている。(Australian Defense Force)

対テロ任務の「パゴタ・チーム」誕生

　1972年9月5〜6日にミュンヘン・オリンピックの「悲劇」が起きると、その数日後、イギリス陸軍はSASに対テロリスト作戦（CT）任務を命じた。

　それから1か月あまり後、SAS最初のCT部隊の20人が、ミュンヘンと同様の事態が本国や海外で発生した場合に出動でき

特殊作戦用に改造されたトヨタ・ランドクルーザーから下車し、目標へ向かうオーストラリア戦術攻撃グループ。テロリストの籠城を想定した訓練の突撃場面である。隊員が目標まで乗車する車両にはステップとグラブ・ハンドルが装備され、ルーフにはラダー、プラットフォームが搭載されている。隊

員は任務に応じて、MP５サブマシンガンかM4A5カービンで武装する。スナイパー・チームが数秒前に撃ち砕いたスイカが地面に散乱している。スイカ

るよう態勢を整えた。

　以来この部隊は、パゴタ・チーム（ＳＡＳのCT能力開発の秘匿名称「パゴタ」作戦に由来する）、スペシャル・プロジェクト（SP）チーム、対テロチームなど、さまざまな名称で知られることになる。

　発足当初、この部隊はすべてのＳＡＳ中隊から選抜された隊員で構成されていたが、ＳＡＳ連隊ボディーガード班の要員がピストルを使用した近接戦闘（CQB：Close Quarters Battle）に精通していたことから、ボディーガード班に配属された経験がある隊員がとくに求められた。

　誕生まもない部隊は、やがて連隊の対革命戦部門の指揮下に置かれた。

　対革命戦部門自体も新しい組織で、当初は１人のＳＡＳ将校がテロリズムの動向を監視するだけの小さな組織であったが、その後、増強されて小隊編制となった。

　隊員にはブローニングHPピストル、イングラム・モデル10サブマシンガン（これはまもなくH&K製モデルMP５サブマシンガンに換装された）、ドアの施錠を破壊するためのレミントン・ショットガン、ノーメックス社製の黒いフライト・スーツが標準装備品として支給された。

　イギリス軍当局と技術者は、この新しいチームのためにスタン・グレネード、別名「フラッシュバン」の試作品や、人質救出作戦の際に過度の貫通を防止するフランジブル弾など、いくつかの特殊装備品を開発した。

2004年にポントリラス陸軍演習場でMP5A3サブマシンガンを使用して訓練するSAS隊員。

全員がCTとCQB任務に精通

　イギリス本国の連隊最初のCT任務は拍子抜けするものだった。1975年1月7日にブリティッシュ・エアウェイズのBAC 1-11型旅客機がハイジャックされ、エセックス州スタンステッド空港に着陸した。イラン人ハイジャック犯の武装はモデルガンのみであり、交戦することなく捕らえられた。唯一の負傷者は飛行機から離れる際に警察犬に咬まれたSASの隊員1人だっ

た。

　対テロリスト（CT）作戦部隊は増強され、爆発物処理班（EOD）、捜索・戦闘犬班、衛生班、情報・標定班など部隊固有の支援組織を含む中隊規模の編制になった。

　CT任務は各中隊に付与され、当初は12か月ごと、のちに6か月ごとに1個中隊が即応待機に指定されることになった。

　やがて、全中隊が交代でこの当番にあたることから、すべての隊員がCTとCQB任務のテクニックに精通するようになった（現在、すべてのSASとSBS〔特殊舟艇部隊〕の候補者はUKSF選抜プログラムにおいて、3週間のCTコースを受講する。この結果、全隊員がCT行動の基礎知識を履修している）。

各国対テロ部隊に訓練指導

　SASの対テロリスト（CT）能力は、1980年代のイギリスの海外協力の目玉にもなった。

　当時、イギリスの友好国のすべてと、友好国とはいえない複数の国々はいずれも、SASのようなCT能力を手にしたいと考えていた。

　イギリスの国防省（MoD）と外務・英連邦省は、長らく連隊の訓練チームを湾岸諸国を含む海外に派遣し、ボディーガード・チームの訓練指導にあたっていた。その後、この目的はより幅広いCT能力の訓練にとって代わった。

　SAS連隊は、「デルタ・フォース」として知られているアメリカの第1特殊部隊デルタ作戦分遣隊（表向きの名称は「戦闘適応群」と呼称される）と技術や装備品の情報を交換し、アメリカとヨーロッパで合同演習するなどして、密接な交流を続け

アメリカ軍は「シュート・ハウス（射撃の家）」、SASは「キリング・ハウス（殺人の家）」と呼ぶ屋内戦闘訓練施設での突入・掃討訓練。ここでは政府高官や王族を対象に人質救出作戦の体験訓練も行なわれる。席に着いた人質役のそばを鋭い音を立てて実弾が飛び交い、フラッシュバンが炸裂する。最も恐ろしいと有名なのが、真っ暗闇の中、SPチームが暗視ゴーグルを使用して突入する訓練だ。（US Army）

ている。

　また、SASはドイツのGSG９、フランスのGIGN、ニュージーランドとオーストラリアのSAS部隊など、そのほかの国々のCT部隊とも密接な関係を構築している（1977年10月18日にルフトハンザ181便ボーイング737型旅客機がハイジャックされて86人が人質になると、ソマリアのモガディシュまでSASの要員がGSG９に同行し、突入時に陽動のため使用が検討された初期型のスタン・グレネードを提供している）。

伝説が生まれた日　27

世界のテロ事件の現場へ

1980年代後半に連隊は、コロンビアの特殊部隊に対テロ・対麻薬犯罪戦能力を提供するべく派遣された。ＳＡＳの多くの訓練指導チームの任務と同様に、この派兵も秘密のベールに包まれている。

アメリカのデルタ・フォースと同様にＳＡＳの隊員もコロンビア軍部隊とともにジャングル戦の訓練を行なったと、密かに伝えられるが、真相が明らかにされることはないだろう。(原著注2)

原著注2：1990年8月にイラクがクウェートに侵攻した際、ＳＡＳのＡ中隊はコロンビア派兵から帰還中だった。この帰還時期と派兵が見苦しい論争を生んだ。本国のＧ中隊は一定期間の砂漠戦訓練から帰還したばかりで、即応待機についていた。このため、ふつうならばＧ中隊のクウェート派兵が適切に思われた。しかし、実際にクウェートに派兵されたのは、フォークランド紛争で活躍の機会が与えられなかったＡ中隊だった。Ａ中隊はこの派兵で満足できる実任務の機会を得ることができた。

連隊は国外に訓練指導チームを派遣するとともに、オブザーバーや必要に応じて技術的な助言を行なうアドバイザーとして、世界のテロ事件の現場に小規模なチームを派遣している。

ＳＡＳが赴いたとされるのは、1993年に米国テキサス州ウェーコで発生したカルト教団の武装立てこもり・集団自殺事件（この事件ではデルタ・フォースも派遣された）、1994年、マルセイユでGIGNが行なったエール・フランスＡ300型旅客機人質救出作戦、1996年の在ペルー日本大使公邸占拠事件など世界各地

に見られる。

SASが公式に認めた人質救出作戦

1987年10月、スコットランドのピーターヘッドの刑務所で、多数の受刑者が看守を人質にとる事件が発生すると、連隊は部隊を派遣して警察を支援した。この派遣はSASが公式に認めた本国での数少ないケースである。

この事件では人質救出のためにバリケードを打破する爆破突入技術を矯正局と警察が有していなかったため、軍に支援が求められた。

対テロリスト（CT）作戦即応待機についていたD中隊が通報を受け、少数の隊員が空路で刑務所へ送り込まれた。トレードマークになった「ブラック・キット（黒装束）」を着用した隊員は、警棒と最終手段となるブローニング・ピストルを手にして、調整された連続爆破を行ない、CS（催涙）ガスとフラッシュバンを使用しながら、刑務所内に突入した。

反乱を起こした受刑者は直ちに制圧され、人質となった看守は屋根に開けた開口部から救出された。部隊は刑務所に到着したときと同じく素早く、静かに現場から撤収した。人質救出に要した時間はわずか6分間で、1発の発砲もなかった。

進化するSASの対テロ技術

1990年代に入ってもCT任務の出動ペースは変わらなかったが、北アイルランド駐留のSAS部隊（詳細は後述）を除き、イギリス本国でのSASの作戦実施は珍しいものになった。この期間もSASの技術は磨かれ続け、連隊は空中スナイピング（狙

伝説が生まれた日　29

制服と装備品 （Ⅱ）

❶第22SAS連隊D中隊「バラス」作戦（シエラレオネ・2000年）

この隊員は支給品の95温帯用DPM迷彩戦闘服を着用し、アディダスGSG9ブーツを履いている。1980年代に制式化されたMk6ヘルメットには現在では珍しい擬装用のスクリム・ネットとパラシュート・バンドが装着されている。

2003年にイラクで「テリック」作戦が開始されるまで、SAS隊員がヘルメットをかぶるのはまれだった。ヘルメットを着用すると聴覚が損なわれ、目立つ目標となるだけでなく、暑く重く負担が大きいと多くの隊員は主張した。イラストの隊員は40mmM203アンダーバレル式グレネード・ランチャーを装着したM16A1アサルトライフルで武装している。

❷第22SAS連隊A中隊「トレント」作戦（アフガニスタン・2001年）

この隊員は温帯用DPMのSASスモックと砂漠用DPMの戦闘トラウザーを着用している。ブラックホーク・インダストリー社製のニーパッドは、片方の膝のみに装着されており、これは膝撃ちのときに接地させる側の足だけを保護する独特な使用方法である。

ヘルメットはアメリカ軍のMSA MICH TC-2000で、現地で急ぎ支給された砂漠用DPMカバーがかぶせてある。ボディー・アーマーはブラックホーク・インダストリー社製の黒のSTRIKEプレート・キャリアである。プレート・キャリアの防護力は弱いが、標準的なボディー・アーマーに比べて小型で軽量なことから、特殊部隊隊員に好まれた。

プレート・キャリアの上には弾倉とグレネードを携行するため、OD色のイーグル・インダストリー社製チェスト・リグを着用し、エイムポイント社製の新型戦闘光学照準器（ACOG）と40mm口径のL17A1（H&K社製AG-C）アンダーバレル・グレネードランチャーを取り付けたL119A1カービンで武装している。

❸タスク・フォース・ブラック／タスク・フォース・ナイト
第22SAS連隊（イラク・2005年）

この隊員はアメリカ軍の陸軍標準戦闘服（ACU）迷彩の上衣と、同じくアメリカ軍の砂漠用迷彩戦闘服（DCU）のトラウザーを着用して

いる。ジェンテックス社製ヘルメットの下にはセレックス・アサルト700ヘッドセットが装着されており、戦闘中もほかの隊員と自由な交信が可能である。

プレート・キャリアはブラックホーク・インダストリー社製のパウチを取り付けたMSAパラクレイト・脱着可能アサルト・ベスト（RAV）で、音声秘話機能があるクーガー・ラカル無線機とCTS5ヘッドセットが取り付けられている。

ピストルのホルスターの横にペツル社製ヘッドランプがベストに直接取り付けられている。パラクレイト・ベストの前面にはユニオンフラッグのカラー・パッチがあり、国旗の上には非公認の「F＊＊Kアルカイダ」の文字がある。

淡色のオークリー社製のアサルト・グローブは、やがてアフガニスタン戦線におけるイギリス陸軍の標準装備品になった。各種の追加装備とサウンド・サプレッサー（消音器）を取り付けたL119A1で武装し、突入時に使用するL74A1ソードオフ・ショットガン（短銃身型）をバンジーコードで吊っている。ショットガンのサドルサイドホルダーに予備弾薬を入れている。

撃）や「ハットン弾（障害物破砕用の特殊用途弾）」を用いたショットガンによる車両の強制停止、新たに考案された非爆破突入方法などを開発した。

これらの研究の成果は、海外の特殊部隊にも提供された。また、これらの新技術の多くは後年、アフガニスタンとイラクの戦場で実用に供されることになる。

本国でのSASの警察支援出動は、2種類の方法で行なわれる。テロリストが人質の殺害を始め、SASの即時介入が必要な場合は現場に到着次第、"応急"対処方針に基づいた即時行動（IA：Immediate Action）プランが立案される。

時間の経過とともにIAプランに修正が加えられ、作戦成功

伝説が生まれた日　33

を確かなものに近づけるとともに、相撃（同士討ち）の危険性は軽減されることになる。

さらに付帯行動を含み、最大限の成功につながると評価される計画行動（DA：Deliberate Action）プランも並行して策定される。このプランではSASが攻撃の時機と突入地点を選択する。

常時2個小隊がCT即応待機

2000年2月6日、数人のアフガニスタン人がアリアナ・アフガン航空（当時、アフガニスタンのナショナル・フラッグ・キャリアであった）のボーイング727型旅客機をハイジャックした。

ハイジャック犯は自らの出国とタリバンによって投獄されていたムジャヒディンの首領の釈放を要求した。ボーイング727型機はイギリスのスタンステッド空港に着陸し、CT即応待機チームがヘレフォードから空港に急行した。

現場に到着したチームは武装警察の包囲部隊と合流し、IAとDAの両プランの検討に入った。しかし、どちらのプランも必要なかった。ハイジャック犯は投降したからである。

SASはポントリラス陸軍演習場にある、近年改築された「キリング・ハウス（公式名称は屋内戦闘ハウス）」と呼ばれる施設でCT任務の訓練を行なっている。

キリング・ハウスには移動可能なゴム製の家具や壁があり、必要に応じて敵の位置を設定できる。また、ボーイング747型旅客機の機体の一部もあり、ほぼ実機と同じ環境を再現して訓練できるようになっている。

CT即応待機についている中隊は４個小隊に分けられ、通報を受けると直ちに出動できるよう常時、２個小隊がヘレフォード州クレデンヒル（ＳＡＳの司令部所在地）に留まっている。

　残りの２個小隊はイギリス国内で訓練を受けているが、同時多発テロ事件が発生した際など、必要に応じて緊急出動できるようになっている。

ロンドン同時爆破テロ事件

　2005年７月７日、ロンドンの地下鉄の３つの列車と、複数のバスでテロリストが自爆攻撃を実行し、民間人52人が死亡、約700人が負傷した。

　このロンドン同時爆破テロ事件（７月21日にも凶行は再度行なわれようとしたが、未遂に終わった）を受けて、即応部隊の小規模チームが恒久的に首都に駐在し、テロ事件が発生した際にロンドン警視庁を即時に支援できる態勢をとるようになった。

　この部隊は固有のハイリスク捜索能力を有し、自動車・即席爆発物（IED）の無力化訓練を受けた弾薬特技兵（ATO）と、すべての通信を傍受する技術情報班が支援している。

　イギリス国内でテロ事件が起きた際、警察が一次的責任を負う。事態が警察の対処能力を超え、特殊突入能力などが必要とされる場合、一般行政機関への軍事的援助法（MACA）に基づき、ＳＡＳなどのイギリス軍特殊部隊が出動する。

　その一方で、イギリス国内であっても、ハイジャックされた航空機、シージャックされた船舶、核・放射性IEDの回収などは、現在でも軍の一次的責任とされている。

伝説が生まれた日　35

2005年７月21日の爆破未遂事件の際、爆破突入（E-MOE）の訓練を受けた数個のＳＡＳ部隊がロンドン警視庁の武装警察隊を支援するために派遣された。ＳＡＳが出動したのは人質をとって籠城していたテロリストのアパート２部屋への爆破突入が必要になったときに備えてであり、ＳＡＳ隊員の武装は自衛のためのピストルのみであった。

　武装警察がCSガスを部屋に放ち、投降交渉を行なったため、ＳＡＳは出動したことしか知られていない。この出動の際、新編間もない軍の特殊偵察連隊（SRR）からも支援が行なわれ、非武装の隊員が警視庁監視チームに同行し、能力が限界に達していたSCO12（警視庁の監視チームの旧名称）をバックアップした。

第3章
IRAとの死闘

私服で行動中のSAS隊員。ライト・マウントと新型戦闘光学照準器（ACOG）を取り付けた短銃身のL119A1カービンCQBバージョンで武装している。北アイルランドではなく、近年の白昼に撮影された珍しい写真である。北アイルランドで行動した隊員は、さらにバレルが短いMP5Kを好み、監視車の車内では足元に武器を隠して移動した。

監視と待ち伏せ攻撃

　1976年にSASのD中隊が公式に北アイルランドに派兵され、「バナー」作戦が発動になった。その後、1980年代に入ると、連隊の作戦行動は神話となった。指名手配されていたアイルランド共和軍（IRA）暫定派のテロリストの多くを共和国内の自宅で検挙したからである。

　特殊火器で武装したSAS隊員は、記章をつけない軍服や民間人の服装で、武器の隠匿場所に現われる5～8人の少人数からなるIRAの戦闘行動隊（ASU：アクティブ・サービス・ユニット）を待ち伏せし銃撃した。SASの初期の成功は共和軍を錯乱状態に陥れ、IRAは密告者狩りに明け暮れた。

　連隊は北アイルランドでの作戦に力を注ぎ、「アルスター・トゥループ」もしくは単に「トゥループ」と呼ばれた小規模部隊を北アイルランドに駐留させ、陸軍と王立アルスター警察隊（RUC）に専門的な支援を行なった。

　トゥループは約20人の隊員と支援要員で構成されて交代で任務にあたり、大規模作戦が計画されると、「アルスター・トゥループ」はヘレフォードに駐屯しているスペシャル・プロジェクト即応待機チームから2～3人の人員増強を受け入れた。

　長期にわたって駐留すると、隊員がIRAの派閥と主要人物の動向に精通するという考えに基づいて、1980年にトゥループ要員の派兵期間は6か月から12か月に延長された。

　監視はトゥループの重要な任務であり、SASは待ち伏せ攻撃を行なう際に、監視活動を行なう陸軍監視部隊（のちの第14情報保全隊〔デット〕）から頻繁に情報提供の支援を受けた。

　SASは陸軍監視部隊とともに「グループ」とも称された情

報・保全群の指揮のもとで行動した。

射殺は正当か？—やっかいな疑惑

数多く実施された「監視ポスト（OP）／対処」作戦で、ＳＡＳは密告者や技術情報など広範囲から収集した情報をもとに受動的な監視を行ない、端的に言えば待ち伏せ攻撃を実施した。

このような作戦では、まず、情報保全隊（デット）、秘密情報機関（SISあるいはMI6）と王立アルスター警察隊（RUC）のＥ４Ａ監視隊がASUメンバーを追跡し、テロ事件が発生する寸前になると指揮権をＳＡＳに移譲し、ＳＡＳが逮捕作戦を立案、実施した。

ＳＡＳに指揮権が移されると、秘密監視中であるトゥループが、武器を隠したり、持ち出そうとＩＲＡの武器隠匿場所に現われるテロリストに襲いかかった。テロリストが直ちに抵抗をやめず、武装している場合には交戦になった。

このような行動の一例は、1985年２月にストラベーンで行なわれた３人のASUメンバーの待ち伏せ作戦だ。ASUメンバーはRUCのランド・ローバーを自家製の対戦車グレネード（擲弾）で攻撃する任務を与えられていたが、適当な目標を見つけ出すことができず、グレネードを隠すべく隠匿場所に向かった。

ASUメンバーが察知していなかったのは、武器隠匿場所の秘密監視ポスト（OP）で３人のＳＡＳ隊員が息を潜めていたことである。そして４人目の隊員が近くのデットの拠点で地元陸軍部隊との連絡にあたっていた。

武器を手にしたテロリストが隠匿場所に近づくと、３人のＳ

　ＡＳ隊員の攻撃が始まり、彼らは反撃することなく射殺された。武装したテロリストが捕捉、排除されたこの作戦は完璧なように思われたが、厄介な疑惑を連隊に投げかけることになった。

ヘリコプターからG3Kカービンを構えるスナイパー。G3Kは北アイルランドでの活動では多用された武器であったが、ここでは貫通能力重視ではなく、その長い射程と機内で使用しやすい短い全長を利用して狙撃銃に用いられている。この写真はイギリス本国におけるCT演習中に撮影されたもので、空中スナイパーが警戒・監視中のシーンである。前方では、海軍の艦艇にシーキング・ヘリコプターから隊員がファストロープ降下をしている。（UK MoD）

　検死の結果、SAS隊員は合計で117発を発砲したとされ、1人のASUメンバーだけでも28発の銃弾を受けていたという。ここで疑念を抱かざるを得ないのは、SAS隊員3人のうちの2人がHK53カービンが故障したため、9mmブローニング・ハ

イパワー・ピストルで交戦したと主張したことだ。

ASUメンバーが着けていた目出し帽に銃創がないにもかかわらず、3人のメンバー全員の頭部に銃創があることが検死で判明した。このことから、SAS隊員は最初HK53カービンで銃撃し、身元確認のため目出し帽を剥いで、ピストルでとどめを刺したのではないかという憶測を招いたのである。

「テロリストに命乞いの機会はない」

多くの場合、アイルランド共和軍のASUは攻撃対象や襲撃地点へ向かう途中で捕捉された。1984年12月の作戦ではイギリス軍予備役兵士を勤務先の病院の外で襲おうとした2人のテロリストが待ち伏せ攻撃を受けた。

行動を捕捉されていた2人のテロリストは、何台かのSAS覆面車両に尾行され、襲うはずだった予備役兵士に近づこうとしたところを射殺された。

北アイルランドに駐留するSASには、無視できない指摘が何年にもわたりメディアから寄せられた。それは連隊の「射殺」に関する理念である。テロリストを射殺せず生きたまま拘束できるのではないかということに議論が収斂していった。

その一方で、SAS側でも、1980年に白旗を揚げて投降を装ったテロリストの手によってハーバート・ウェストマコット大尉が殺害され、1984年12月には兵長の1人の命が奪われている。

戦史研究者マーク・アーバンが行なったSAS隊員からの聞き取りによれば、連隊の兵士たちも「強者の論理（ルール）」を「善し」としていたふしがあった。このルールは明解で、すなわちテロリストに命乞いの機会などはないというものだ。

一方、敵対するＩＲＡ側も捕虜を利用する場合を除いて、投降者を受け入れることはなくその場で射殺した。

　しかし、当時のＳＡＳの指揮命令組織は、実態からかけ離れていたにもかかわらず、明確に「容疑者の逮捕」を「致死的な措置（射殺）」より優先するよう指示していた。(原著注3)

　実際のところ、ＳＡＳの隊員はターゲットが地面に倒れて動かず、脅威にならなくなるまで射撃を続けるよう徹底的に訓練されていた。イラン大使館事件の例では多くのテロリストが15発から39発の多数の命中弾を受けていた。

　一方、ＳＡＳの資料によると、北アイルランドにおけるＳＡＳの作戦のうち、銃撃戦となったのは、その４分の１であった。多くの場合、ＳＡＳの隊員は銃火を交えず目標を拘束することに成功している。

　一例を挙げれば、マツダ・ファミリアの改造トランクから12.7mmバレット・スナイパー・ライフルを使って狙撃をしていたＡＳＵのメンバー１人を拘束している。彼はアイルランド共和軍（ＩＲＡ）暫定派のスナイパーで、情報保全隊（デット）の隊員９人の殺害の重要な容疑者だったにもかかわらず、この抑制を利かせた措置はＳＡＳの厳正な軍規の証しとする説もある。

　　原著注3：著者の友人は、警察と特殊部隊の対テロ協同訓練の様子を語りながら、警察と軍の特殊部隊の考え方の違いを説明した。「警察のもとではテロリストは『容疑者』であり、陸軍に権限が移譲されると兵士はテロリストを『敵』と呼ぶ。両者は明らかに異なる意味合いである」

制服と装備品（Ⅲ）
❶第22SAS連隊B中隊スナイパー
（アフガニスタン・2010年）

　足を組んで座り撃ちの姿勢をとるSASスナイパー。.338ラプア・マグナム弾を使用するカナダのPGW社製ティンバーウルフ・スナイパー・ライフルで武装したこの隊員は、おそらくタリバンのコンパウンド（塀で囲まれた集合家屋）を攻撃するチームを支援しているのだろう。

SASスナイパーは遠距離狙撃ができるこの口径を好み、2000年代後半に軽量で近代的なライフルの調達を検討した連隊はティンバーウルフを選んだ。

スナイパーは色のあせたDPM迷彩の温帯用スモックとクライ・プレシジョン社製G3マルチカム戦闘トラウザーを着用し、トラウザーにはビルトインのニーパッドが付いている。

オークレー社製グローブは指先が切り取られ、支給品のワイリーエックス・サングラスが頭上に載っている。ボディー・アーマーはパラクレイト社製の特殊作戦用硬質プレート・キャリア（SOHPC）である。

❷スペシャル・プロジェクト・チーム
第22SAS連隊（ヘレフォード・2008年）

CT（対テロ戦）介入用「ブラック・キット」を着用した隊員。ヘルメットはRBR、戦闘服は特殊部隊専用のニーパッド付き黒色の難燃性ノーメックス・フライトスーツ（1980年のイラン大使館事件で着用していた初期の戦闘服は戦車乗員用のつなぎだった）。武器は消音器が組み込まれたH&K社製MP5SD3サブマシンガンで、ウェポン・ライト、エイムポイント社製の光学照準器ならびにフォワード・グリップが取り付けられている。

補助武器はシグ・ザウァーP226ピストルで、右大腿部のドロップ・ホルスターに納められている。また左大腿部には弾倉パウチが着けられている。ドロップ・ホルスターはSASの発明品のひとつであり、CT隊員のニーズに応えてSAS作戦研究部が対革命戦団（CRW）と共同で開発し、イラン大使館事件で初めて使用された。

股間防護用プロテクターを含む重攻撃アーマーを着用すると、腰ベルトのホルスターからピストルを抜くのが困難になるため、ピストルを簡単に取り出せるようドロップ・ホルスターは開発された。またドロップ・ホルスターはビルなどの壁面をラペリング降下中の隊員にとっても理想的で、必要ならロープに吊るされたままでも容易に取り出して発砲できる。

❸第22SAS連隊・統合特殊作戦タスク・フォース
（イラク北部・2014年）

　密かにイラク北部に派遣されたUKSFには、有志連合軍による自称イスラム国（IS）への航空攻撃の誘導と、クルド人とイラク軍の指導の２つの目的があった。イラストはこの一員として北イラクに駐留したSAS隊員で、一般的なクライ・プレシジョン・マルチカムのアンダー・ボディー・アーマー戦闘上衣（UBACS）とG3戦闘トラウザーを着用している。

　UBACSは一般的な長袖戦闘シャツでありながらも、化繊ならではの高吸湿性があり、クライ・プレシジョン社製のものはエルボー・パッドが付いている。

　この隊員の服装や装備品はイギリス軍複合環境迷彩（MTP）の戦闘服ではなく、アメリカ軍のマルチカム迷彩パターンである点に注目されたい。プレート・キャリアはやはりクライ社製のマルチカム・クライ戦闘装備（CAGE）である。

　ヘルメットはオプスコア社製のFASTヘルメットでマルチカムのカバーをかぶせている。ヘルメットは左右にアタッチメント・レールがあり、多種多様なライト、カメラ、ストロボを取り付けることができる。

　同社のヘルメットはバリスティック・モデルでありながらも軽量で、シンプルな外観も特徴である。また従来型の軽量ヘルメットの使い勝手の良さや、重量のあるバリスティック・ヘルメットの防護性も兼ね備えている。

　携行している武器はM6A2超小型個人兵器（UCIW）で、サウンドサプレッサー（消音器）、倍率変更器（CQBでは標準倍率で使用し、長距離射撃では倍率を拡大して使用する）を追加装備したエイムポイント社製小型光学照準器、シュアファイア・スカウト・ウェポン・ライトと折りたたみ式のLWRCバーティカル・ブリップが装着されている。

待ち伏せ攻撃「ジュディー」作戦

　1987年5月、ラフゴール村近郊で「ジュディー」作戦と名づけられた待ち伏せ攻撃が行なわれた。この作戦で、王立アルスター警察隊（RUC）の派出所を爆破するため、油圧ショベルのバケットを使用し、90キログラム爆弾を運搬していた8人の武装テロリストが射殺された。この死者数はIRAの創設以来、最大であった。

　IRAは、RUC派出所の外周フェンスを油圧ショベルで破って侵入し、派出所の建物を爆破する計画だった。同時に盗難車のワンボックスカーを使用して、ほかのASU構成員を目標まで運び、作戦後にASUを離脱させる計画だった。

　待ち伏せ攻撃の作戦は次のようなものだった。RUCの警官数人とSASの隊員7人が派出所内にとどまり、ふだんどおり派出所勤務員がいるようテロリストに見せかけた。北アイルランド駐留SASトゥループは、作戦のためにヘレフォードから空路送り込まれたG中隊の隊員15人で増強されていた。

　派出所の外部に30人以上のSAS隊員が息を潜め、各隊員はM16アサルト・ライフルと新たに支給されたG3Kカービンで武装していた。ほかにも2挺のL7A2汎用機関銃（GPMG）が配備され、待ち伏せチームは重武装だった。

　SAS隊員の射撃が開始されたのは、油圧ショベルがフェンスを破った時点だったと考えられている。テロリストの爆発物によって派出所が損壊し、ビル内にいた数人が負傷した。

　テロリストの多くが乗ったワンボックスカーは、アサルト・ライフルとGPMGの掃射を浴び、1人のテロリストは隣接する空き地へと逃れたが、SASの封鎖グループの手によって射殺

アフガニスタン戦線で行動中のSAS隊員を捉えた極めて貴重な写真。新型戦闘光学照準器（ACOG）を取り付けたL119A1カービンで武装した隊員（左）と、L7A2汎用機関銃（GPMG）を手にした隊員（右）。右後方にアフガニスタン特殊部隊を見ることができる。対車両待ち伏せ攻撃など大きな火力が必要だった北アイルランドと同様に、隊員はアフガニスタンでもGPMGを携行した。

された。短時間に8人のテロリスト全員が死亡するか瀕死の状態となった。

　この一見成功したようにも見える作戦は悲惨な事故もともなっていた。テロリストが着用していたつなぎによく似た服装の兄弟2人が乗った一般車両が、別のSAS封鎖グループから銃撃された。誤射と気がつくまでに40発の銃弾がこの車に撃ち込

まれ、1人が死亡、もう1人が重傷を負う結果となった。

この悲劇はSASとIRA双方からの情報で、1台か2台のIRAの車両がASUメンバーの車両の走行ルートの偵察を行なうと伝えられていたことから発生した。子連れの女性も銃撃戦に巻き込まれたが、機転を利かせた隊員が素早く駆け寄って安全な場所へと連れ出した。

ジブラルタルでの「フラウィウス」作戦

1988年3月の「フラウィウス」作戦は最も議論の的となったSASの作戦だろう。

王立アングリアン連隊の軍楽隊を標的にした大型自動車爆弾によるテロ計画の準備をしていた3人のアイルランド共和軍（IRA）暫定派戦闘行動隊を追跡して、SASのスペシャル・プロジェクト即応部隊の小規模チームがスペイン南端のイギリス海外領ジブラルタルに派遣された。

このような爆弾テロは、兵士と観光客を問わず多数の死傷者が発生する。英国情報機関MI5は3人のテロリストを監視下に置き、地元警察がテロリストを確実に逮捕する戦術能力に欠けていることを承知していたので、SASが投入されたのである。

SAS隊員は各自がブローニング・ハイパワー・ピストル1挺と4つの弾倉、そしてプッシュ・トゥ・トーク無線機を隠し持ち、イヤフォンを装着した。

隊員は1人かそれ以上のテロリストが自動車爆弾の遠隔起爆装置を所持しているとの想定（のちにこれは誤りだったことが判明する）のもとで行動した。

ASUが武装しているというもっともらしい疑いもあった。のちの査問で、SAS隊員はテロリストを逮捕・拘束し、武装を解除、容疑者を王立ジブラルタル警察へ引き渡すようブリーフィングを受けていたと証言している。

　この作戦の交戦規定は兵士の証言どおりで間違いはないが、警告することなく発砲を許可する条件も事細かに説明していた。

　のちの査問で公表された交戦規定第6項は「警告を与えることや、射撃の開始が遅れることで、貴官や（中略）その他の人の死亡や負傷につながりかねない場合、もしくは警告を与えることが明らかに実行不可能な場合は、貴官と貴官の部下は警告なしに射撃することができる」と定めている。

　交戦規定（ROE）は交戦前に口頭で発する警告の与え方について「可能な限り明確なものとし、降伏の方法と、指示に従わない場合は銃撃するというはっきりとした意思」を伝えるようわかりやすく述べている。

　SASの2個チームは複数のMI5監視要員とともに派遣された。1個チームが包囲網を狭めたところ、テロリストの1人がSASのチームに取り囲まれたことに気がついたように見えた。

　SAS隊員は以前にMI5から、私服のジーンズとボンバー・ジャケットのスタイルは、いかにも外出中の兵士に見えると注意を受けたことがある。おそらくこの日もテロリストのターゲットになりやすい服装だったのだろう。さらにテロリストの1人が武器か起爆装置に手を伸ばすような仕草をするのがSAS隊員の目に映った。

IRAとの死闘　51

ＳＡＳ兵士はすぐさまピストルを発砲した。３人のテロリストは至近距離から銃撃され、地面に倒れ、空の両手が確認できるようになるまで射撃が続けられた。

　１人のテロリストは４発撃たれ、もう１人は５発撃たれた。さらにＳＡＳの特有の頭を狙った「ダブル・タップ（２発同時連射）」も受けていた。

　３人目のテロリストは２人の隊員から少なくとも15発の銃弾を撃ち込まれ、倒れてからも２回のダブル・タップを受けた。

　目標から外れた銃弾は皆無で、ＳＡＳの近接戦闘訓練の成果と有効性を恐ろしいほどに証明した。

　その後の捜査で、爆弾を積んでいると疑われた車両は、爆弾を積んだ車両を駐車させるスペースを確保するために使用されたと考えられ、この車両の内部に爆発物はなかった。

　しかし、数日後にスペイン警察はＡＳＵが使用していたもう１台の車両を発見、押収した。この車両には60キログラムのチェコ製セムテックス高性能爆薬とAK47アサルト・ライフルで使用できる数百発の7.62mm×39銃弾が残されていた。

波紋を呼んだカンボジアへの派遣

　北アイルランドでの作戦を例外として、フォークランド紛争後の10年間、連隊は「公表」されるような行動をあまりしていない。

　ＳＡＳはソ連軍がNATO領域に侵攻する場合に備えて、偵察と極秘任務のため、1980年代は西ドイツに駐留することが多かった。

　筆者は元ＳＡＳ隊員のケン・コナーと、冷戦が現実の戦争と

なった場合に、ＳＡＳ連隊が果たすべき興味深い任務と作戦について熱い議論を交わしたことがある。

　それは１個中隊が北方のスカンジナビア半島と北東ロシアで行動し、もう１個中隊が南方のトルコからソ連に潜入する。１個中隊は機動予備兵力となる。そして４個目の中隊が東ドイツとソ連に進出するという作戦の成否についてだった。

　この時期、ＳＡＳは対テロリスト戦（ＣＴ）能力の開発と向上にも努め、訓練指導チームを各国に派遣し、友好国部隊に小規模部隊による対反乱勢力戦（ＣＯＩＮ）やＣＴ技術の教育訓練にあたった。

　訓練指導チームの派遣の中でカンボジアへの派遣が大きな議論を呼んだ。論争を巻き起こしたのは、殺戮者クメール・ルージュ（ポル・ポト派）に替わってカンボジアに居座ったベトナム人民軍に対抗するため、1985年から1989年に行なわれた複数のカンボジア反乱勢力に対する訓練だった。

　問題となったのは、反乱勢力とクメール・ルージュとの関係だった。ＳＡＳが直接、クメール・ルージュを訓練したわけではないが、のちにアフガニスタンでも見られるように混乱した軍閥政治に介入したことが、ＳＡＳの活動に暗い影を落とした。

第4章
湾岸戦争
（1990～1991年）

2007年にバスラで撮影された「タスク・フォース・スパルタン」のSAS攻撃チーム。乗車するスナッチ2ランド・ローバーは軽装甲だが、即席爆発物から防護するための電子対策機器を搭載している。左の隊員が着用しているのは砂漠用DPMヘルメット・カバーをかぶせたアメリカ軍のMICHヘルメットと思われる。プレ

ート・キャリアはパラクレイト社製で、武器は新型戦闘光学照準器（ACOG）付きのL119A1カービンである。右の隊員は無線機アンテナをプレート・キャリアの背部の「MOLLE（モジュラー・ライト・ロードキャリング・エクイプメント：着脱式軽量耐荷重装備）」の固定バンドの下に入れている。

活躍の場を与えられなかったSAS連隊

　SAS連隊は、危うく「砂漠の盾」と「砂漠の嵐」作戦を支援するイギリスの「グランビー」作戦への参戦機会を逃すところだった。

　1990年8月にサダム・フセインのイラク軍が豊かな産油国クウェートに侵攻すると、欧米諸国連合軍とアラブ諸国連合軍は湾岸地域に急派され、サウジアラビアの防衛とクウェートの解放にあたることになった。

　しかし、アメリカ中央軍を率いるノーマン・シュワルツコフ陸軍大将の特殊作戦に対する思いは冷ややかだった。大将の見

解はベトナム戦争において特殊作戦部隊（SOF）の作戦が大失敗し、一般部隊を投入せざるを得なかった彼自身の経験に基づいていた。

　シュワルツコフ大将の強固な意見により、「砂漠の嵐」作戦での特殊部隊投入は限定的なものとされ、実施する作戦は自らが承認したものに限られた。

　その一方で、かつてSAS連隊長だったピーター・デ・ラ・ビリエア卿（連隊では「DLB」の呼び名で知られていた）イギリス陸軍中将が多国籍軍の副司令官を務めており、中将は自身がかつて率いた部隊に活躍の機会を与えようと情熱的に動い

1991年イラク進攻の「グランビー」作戦に向けてサウジアラビアで兵力の増強訓練を行なうSAS連隊のパトロール隊。作戦現場の雰囲気をよく捉えたこの写真にはロングライン高速軽攻撃車、砂漠で合流して補給を行なうウニモグ"母艦"補給車両、経路偵察用のオフロード・オートバイが集まっている。後方には空軍特殊飛行小隊のCH-47チヌーク輸送ヘリコプターが見える。

湾岸戦争　57

た。

SAS連隊が公式の任務を与えられていなかったにもかかわらず、中将は連隊の中東派兵を求め、イギリス国内でスペシャル・プロジェクト（SP）についていたG中隊をのぞき、ほぼすべての第22SAS連隊が湾岸地域へ派遣された。

派遣部隊の中には予備役のR中隊も含まれ、このときにSASが湾岸地域へ派兵した兵力は、第2次世界大戦以降、今日までを通じて最大規模であった。

ほかにSBS（特殊舟艇部隊）の1個中隊、イギリス空軍（RAF）特殊飛行小隊のCH-47チヌーク輸送ヘリコプター4機もSASに同行した。　（原著注4）

　　原著注4：戦争終結から17年後、クウェートで行なわれた特殊
　　な秘密作戦がイギリス議会で公表された。1990年8月1日、ロ
　　ンドン・ヒースロー空港発クウェート国際空港経由クアラルン
　　プール行きのブリティッシュ・エアウェイズ149便はロンドン
　　出発が数時間遅れた。
　　　その遅延は技術的な問題が理由と説明されたが、本当の理由
　　は小規模のSASチームを搭乗させるためだったようだ。議会で
　　読み上げられたのは、宣誓をした元UKSF（United Kingdom
　　Special Forces：イギリス陸海空軍の特殊部隊の統合部隊）隊
　　員の証言で、SASの小規模チームは秘匿名「イスカリオテ」と
　　いう隠密作戦に参加した部隊だった。
　　　この作戦はイラク軍の兵力や配備位置と部隊名の情報収集を
　　目的にしていたという。
　　　明らかにされた文書によると、興味深いのは証言者が常備軍
　　や国防義勇軍のSAS隊員ではなく、「付属部隊」の軍属だった
　　ことだ。おそらくアメリカ中央情報局（CIA）の特殊行動部の
　　地上班と同様、秘密情報機関（SISあるいはMI6）要員となっ

た元UKSF隊員が証言したと考えられる。

　所属部隊はどうであれ、9人の青年はクウェート到着後、搭乗機から直ちに立ち去ったという。残りの乗客と乗員は侵攻したイラク軍によって抑留された。

イラク補給路の監視任務に従事

　ビリエア卿（DLB）と「グランビー」作戦のUKSF司令官は、シュワルツコフ大将の特殊部隊嫌いをあらためるような作戦を立案した。それは、イラク軍によって人間の盾にされていた多数の西側外国人とクウェート人労働者を特殊部隊が解放する作戦だった。

　ところが1990年12月、サダム・フセインは人質の大半を解放したため、予定されていた作戦は中止になった。

　当時、第22SAS連隊の先任曹長だったピーター・ラットクリフは、作戦が予定された当時のことを語る。

　「もし作戦が実行されていたら、流血の惨事になっていただろう。我々の多くはボディーバッグに入れられた戦死体になって本国に送り返されていたにちがいない」

　しかし、実施されなかった作戦計画がシュワルツコフ大将の目にとまった。

　大将はアメリカ陸軍特殊部隊と海兵隊偵察部隊を長距離偵察行動に出し、イラク軍の部隊移動と兵力を正確に把握しようとした。やがて大将はSASも少数の偵察チームをイラクの主要国道に進出させ、主要補給路（MSR）を監視させることに同意した。

　当時、サダム・フセインはイスラエルを参戦させることで、

湾岸戦争　59

脆弱なアラブ諸国連合に亀裂を与えようとしていたが、逆にこの事態がSAS連隊の作戦を劇的に増加させることとなった。

「スカッド発射機」急襲作戦

　1991年1月18日にイラクがイスラエルに向けて発射した数十発のスカッドB弾道ミサイルのうちの8発がイスラエルに着弾した。

　スカッド・ミサイルには高性能爆薬を用いた通常弾頭が搭載されていた。実際の被害は軽微なものだったが、イスラエル市民は恐怖におののいてイスラエル参戦の危機が生じた。

　この危険性はサダム・フセインがスカッドに化学兵器弾頭を搭載した場合、さらに高まると予想された。事実、フセインは以前のイラン・イラク戦争で化学兵器弾頭を使用したことがあった。

　アメリカ空軍のF-15E（ストライク・イーグル：F-15戦闘機

▶「グランビー」作戦中のUKSFをとらえた写真は入手できなかったので、さらに装備が充実し、準備が整えられたイラク南部での「テリック」作戦当時（2003年）の様子を紹介する。写真は「テリックⅠ」作戦において、対反乱勢力と戦闘したバグダッド駐留部隊とバスラ付近の南東部有志連合師団の両方に配属された経験のある隊員である。右の隊員はイギリス軍とアメリカ軍の砂漠戦闘装具を組み合わせて着用し、2人ともレンジャー・グリーンのパラクレイト社製RAV（着脱式ボディー・アーマー）を着用している。パウチはパラクレイト社製とブラックホーク・インダストリー社製が混在している。左側の隊員はベストの右上に「ケムライト（ケミカルライト）」のスティックと折りたたみナイフを装着している。これらの装備品の下には「フラッシュバン」などを入れる3個のグルネード・パウチがある。2人ともサウンドサプレッサー（消音器）と新型戦闘光学照準器（ACOG）を取り付けたL119A1カービン、SIGザウアー・ピストルで武装している。ピストルはバグダッドの「タスク・フォース・ブラック」の隊員が好んだように、胸ではなく大腿部のドロップ・ホルスターに収納している。後方では駐留歩兵大隊の「アルマゲドン」小隊がブリーフィングを受けている。

の対地攻撃能力向上型）2個飛行中隊がスカッド・ミサイルの
発射地点を探し出す「スカッド・ウオッチ」を専門にして活動
していたが、F-15Eの探索能力ではミサイルが発射されたあと
でしか発射位置を特定できなかった（今では攻撃目標の中に本
当のスカッド・ミサイル・ランチャーが含まれていたことすら
疑問だと指摘されている）。

　歴史研究家のリック・アトキンソンによると、ＳＡＳの作戦
は「砂漠の嵐」作戦の航空作戦が始まった1991年1月17日の2
日前に作戦に始まったという。

　ＳＡＳの3個チームは主要補給路（MSR）を監視するために
イラク西部に送り込まれた。18日にイスラエルのテルアビブと
ハイファにスカッドに着弾するようになると、ＳＡＳはこの戦
争で最も有名な別の任務を与えられた。ビリエア卿（DLB）の
言葉は「諸君にひとつ頼みたいことがある……スカッドとやら
を葬り去れ！」であった。

　イラク西部を通る主要補給路（MSR）国道10号線の南側にあ
る広大な帯状作戦区域、「スカッド・ボックス」がSASのスカ
ッド探索の対象地域とされ、やがてそこは「スカッド・アレー
（小路）」の呼び名がついた。ともに作戦中のアメリカのデル
タ・フォースは国道10号線の北側に送り込まれ、ここは「スカ
ッド・ブルバード（大通り）」と呼ばれるようになった。

　発見したスカッド・ミサイル発射機への攻撃機の目標誘導は
一刻を争うもので、当初SASとデルタ・フォースが航空部隊と
協同して行なう作戦には離齬があった。特殊部隊の連絡官がリ
ヤドのアメリカ空軍基地に駐在することによって、リアルタイ
ムで攻撃機の誘導が可能になり、問題の一部は解決された。

やがて「作戦ボックス」上空にミサイル発射機の破壊だけを目的とした飛行が始まり、これに対する連携攻撃「キル・チェーン」の所要時間はさらに短縮された。

元SAS隊員で歴史研究家のマイケル・アッシャーは当時、SASが与えられた任務について語る。

「A中隊とD中隊の機動パトロール隊はスカッドを探し出し、可能であれば破壊、さもなくば攻撃機を誘導する命令を受けました。B中隊の半分は別の任務を与えられてサウジアラビアのアルジョウフから出撃しました」

この別任務についたのはそれぞれ8人からなる3個チームで、ヘリコプターで潜入し、3本の主要補給路（MSR）近くの秘密監視ポストからミサイル・ランチャーの移動を監視した。

「ブラボー・ツー・ゼロ」論争

のちに忌々しい記憶となった「ブラボー・ツー・ゼロ」も同類のパトロールだった。この誤って実施された作戦に関して、体験談が少なくとも4冊出版されている。それぞれ時系列や重要な点の記述が異なり、ひとつの記録にまとめ上げるのは難しいが、概略は以下のとおりである。

作戦地域の地形は平坦すぎ、車両での行動は発見されやすいということで、徒歩で進出する決断が下された。この道路監視を目的にした3つの作戦のうち、唯一イラク潜入に成功したパトロール隊は、ホイールベースの短いランド・ローバー「ディンキーズ」を使用した部隊だけだった。

このことからも徒歩での進出が現実的に難しかったことがうかがえる。徒歩で進出する予定だったもう1つパトロール隊

は、実際に降着すると地形があまりにも平坦で遮蔽物がまったく見当たらないことに指揮官が危機感を抱き、直ちに脱出のため、CH-47チヌークに収容を要請し、短時間で現場をあとにした。

　ブラボー・ツー・ゼロ隊はM203グレネード・ランチャーに使用する40ミリ擲弾を敵から奪わざるを得ず、またクレイモア地

2007年1月に南イラクで行なわれた「ハトホル」作戦の準備中の「タスク・フォース・スパルタン」のSAS隊員。イギリス軍の砂漠用DPM戦闘服が主として着用されているが、服装は統一されていない。中央の隊員はアメリカ軍のDCU迷彩トラウザー、右から2人目の隊員は黒いフリース、右端の隊員は温帯用DPMスモックを着用している。隊員たちの武器はL119A1カービンで、サウンドサプレッサーを装着したものや「ショーティー（短銃身）」アッパー・レシーバーのCQBバージョンも見える。

雷も自作しなければならなかった。

　地図とGPSの準備もお粗末で、暗視装置と制圧火器（機関銃）も十分でなかったことから、のちに非難が集中した。

　天候も部隊に災いした。信じられないことに、降雪をともなう強い冬型の気圧配置となる気象予報が部隊に伝えられていた様子はない（車両に乗車したほかのパトロール隊の隊員は現地のベドウィンから調達したコートを着用して寒気を耐えた）。

　マイケル・アッシャーは当時の様子をこう語る。

　「極寒の風がイラクの砂漠を吹き荒れ、夜になると気温は氷点下になりました。隊員は寒冷地戦の準備はしていなかったのです。隊員の中には寝袋すらない者がいました」

　現地に投入されたパトロール隊に伝えられた交信無線周波数は誤ったもので、無線も届かなかった。

　さらに降着地点の近くにイラク陸軍の対空火砲部隊が展開していることも判明した。翌朝には隠れていた場所に羊飼いが現われた。この羊飼いがイラク軍にパトロール隊の存在を伝えた可能性があった。

　所在が露見したとしてパトロール隊は隠密裏に撤退を開始しようとしたが、敵に発見され銃撃戦となった。ほかの隊員の証言によると、近づいてきたのはパトロール隊を敵と考えた地元の農民で、彼らに数発の警告弾を撃ったという。また別の体験談は、イラクの装甲車と歩兵が現われたという。

　これらの体験談は、のちにインタビューを受けたイラク人農夫の証言を含めてばらばらで、現在のところ話が一致しない。

分断されたブラボー・ツー・ゼロ隊

　退却を始めたブラボー・ツー・ゼロ隊の指揮官は、戦術ビーコン（TACBE）緊急用無線機でイギリス特殊部隊に割り当てられている「ターボ」というコールサインを使い、上空を通過する多国籍軍の航空機に苦境を伝えた。

　ブラボー・ツー・ゼロ隊は、あずかり知らないことだったが、彼らの初期通信はSASの司令部に届いてはいた。しかし、シュワルツコフ大将の特殊部隊に対する評価が悪化するのを恐れた上層部の思惑から、現場からの緊急脱出は認められなかった（一説によると、緊急脱出のため、ヘリコプターが現場に向かったものの、この途中にパイロットが急病になったため、救出作戦を放棄せざるを得なかったともされる）。

　ブラボー・ツー・ゼロ隊は、緊急脱出のための指定非常合流（RV）地点に向かったが、救出機が飛来する兆しは見られなかった。そこでブラボー・ツー・ゼロ隊は、事前に策定されていた避難・脱出（E&E）計画に従ってシリア国境を目指した。

　遅まきながらもSASもブラボー・ツー・ゼロ隊の捜索を開始した。ブラボー・ツー・ゼロ隊のE&E計画についても、食い違いが見られ、捜索のヘリコプターはブラボー・ツー・ゼロ隊の捜索区域を誤認したため発見できなかった。

　夜間にシリアに向けて進むブラボー・ツー・ゼロ隊員は、悪化し続ける極寒の天候で足取りが重く、装備が不十分なため、2つに離れ離れになってしまった。そのうちの1隊は低体温症で死亡した隊員の遺体を置き去りにせざるを得なかった。

　翌朝、この隊の残存兵2人はイラク軍に発見され、短期間の交戦ののち、1人は銃弾を使い果たしてイラク軍の捕虜となっ

た。もう1人は驚くことに徒歩で186マイル（299キロ）を移動し、シリアへ逃げ込むことに成功した。

　分断されたもう1つの隊は銃撃戦で1人の戦死者を出し、ユーフラテス川を泳いで渡ろうとしたときに、さらに1人を低体温症で失った。そして、この隊の残りの隊員たちはイラク軍の捕虜となった。捕虜とシリアに脱出した者は、のちにイギリス

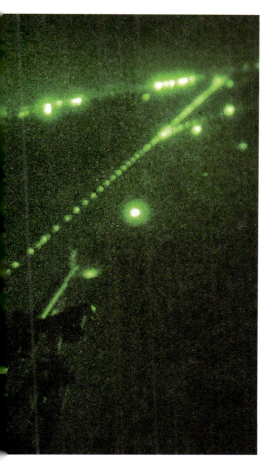

夜間に離陸するピューマHC多用途ヘリコプターから暗視ゴーグルで敵の銃撃を警戒しているイギリス空軍のロードマスター（空中輸送員）。2008年にバスラ（イラク南東部）で撮影。前年に家屋襲撃部隊を輸送中のピューマが墜落し、SAS隊員が死亡する事故が２回発生した。(UK MoD)

に帰還した。

イラク軍正規部隊との死闘

　SAS連隊A中隊の半分とD中隊で編成された４個機動パトロール隊は、６台から８台の「ピンキー」と呼ばれた砂漠パトロール車（DPV）に分乗、戦闘梯隊を編成して戦場に投入され

た。

　これらのDPVはイラク国内を走り回り、ある作戦では車両に搭載されたミラン対戦車ミサイルを使用してスカッド発射機を破壊したという。

　機動パトロール隊は、「ヴィクター・ツー」の名称で知られていたイラク陸軍の指揮・統制サイトも攻撃し、ミランと対戦車ロケット弾（LAW）を使用して掩体壕を攻撃すると、イラク軍兵士と白兵戦を展開した。

　だが、このイラク軍との交戦は危機的状況を招いた。じつはすでに匍匐前進して潜入したSAS隊員が敵施設に爆破物を多数仕掛けており、爆破まで秒読みに入っていたのだった。隊員は爆破前に、熾烈なイラク兵の銃火から逃れ、トラックに急ぎ乗車しなければならなかった。

　戦争では考えられないようなことも起こる。D中隊の乗車パトロール隊がワジ（水の涸れた川底）で一夜を過ごそうとしたところ、イラクの通信施設がすぐ近くにあることに気づいた。そして、イラク軍兵士が野営地のそばまで来て、パトロール隊の存在が知られてしまったのである。

　イラク軍の兵力は正規の歩兵部隊2個小隊ほどで、SASのパトロール隊は機関銃による一斉射撃とグレネード・ランチャーなどすべての武器を使って銃撃戦を開始した。

　イラク軍の「テクニカル（ピックアップ・トラック）」2両を破壊できたことで、パトロール隊は離脱に成功した。ところが困ったことに、戦闘の混乱で、ウニモグ補給車両（メルセデスベンツの多目的作業車）が被弾して走行不能になり、残置せざるを得なかった。

ウニモグに乗車していた７人の行方も不明だったが、残りの車両は緊急合流地点に向かった。緊急合流地点に行方不明者が現われなかったため、パトロール隊の不安は的中した。

　パトロール隊は知る由もないことだったが、ウニモグの乗員たちはイラク軍のテクニカルを鹵獲して、サウジアラビア国境に向かっていた。やがて銃弾で穴の空いたテクニカルは停止し、重傷者１人を含む隊員は徒歩で前進した。歩き始めて５日後、このウニモグ乗員のチームはサウジアラビアの国境線を越えた。

スカッド・ミサイルの脅威を減少させた

　戦争終結の数日前の待ち伏せ攻撃でSAS隊員の１人が胸部を撃たれて戦死した。彼の戦死を含めてこの戦争で発生したSASの戦死者は４人となった。重傷者は５人で、数人が捕虜となった。

　お粗末な地図と偵察写真、天気予報などの基礎情報の欠如、さらには必要とされる暗視装置やTACBE無線機、GPS装置などが役立たずで不足していたことを考慮すると、SAS隊員の技術と部隊の特性がこれ以上の犠牲を出さなかった最大の理由にちがいない。

　特殊部隊副司令官ですら、「連隊は何年もかけて積み重ねてきた教訓を忘れてしまった」と惨めな見解を述べている。

　SAS連隊はイラク西部の砂漠で43日行動した。SASのプレゼンスはスカッドの発射抑止に不可欠な存在だった。SASが指定された「ボックス」で行動を開始してから、わずか２日でスカッドの発射は停止した。

湾岸戦争　71

制服と装備品（Ⅳ）

❶特殊部隊支援群・落下傘連隊第1大隊のマークスマン（アフガニスタン・2009年）

イラストのSFSG隊員は所属小隊のマークスマン（選抜射手）で、シュミット＆ベンダー社製照準スコープ、バーティカル・フォワード・グリップ、シュアファイア社製サウンド・サプレッサー（消音器）を装着したH&K社製HK417ライフルを携行している。

高い評価があるHK416カービンの口径拡大版のHK417はUKSFだけが導入し、そのほかのイギリス陸軍部隊は数年後にアメリカのルイス・マシーン・ツール社製の7.62mm口径のセミオートマチック・ライフルをマークスマン・ライフルとして採用し、L129A1シャープシュータの制式名を与えた。

この隊員はMSAソーディン無線ヘッドセットが組み込まれたSFSG支給のアメリカ軍MICHヘルメット、同じくアメリカ軍のクライ・マルチカム戦闘服、フードの付いたイギリス軍独自のSASスモックを着用している。プレート・キャリアはパラクレイト社製のSOHPC。

❷SBS（特殊舟艇部隊）C中隊（イラク・2004年）

イラストはイラクの反乱勢力が勢力を増す2003年から2004年以前の典型的なSBS隊員の姿である。当時はまだSASとSBSの隊員はバグダッドやバスラをスナッチ・ランド・ローバーやディフェンダーなど非装甲車両で移動することができた。ヘルメットやボディー・アーマーは着用していない。

このような軽装はわずか12か月の間に一変し、服装、装備は「タスク・フォース・ブラック」の隊員（31ページのイラスト❸）と同じようになった。高倍率の新型戦闘光学照準器（ACOG）、銃身の下にウェポン・ライトを付けたL119A1カービンを携行している。

銃の迷彩塗装は隊員自身で施したものだ。SIGザウァーP

73

226ピストルはイーグル・インダストリーズ社製ドロップ・ホルスターに収納している。

この隊員の戦闘服選びは少し変わっている。SASスモックは色あせた温帯用DPMで、市販品の砂漠用 "トラ柄" 迷彩の戦闘トラウザーを組み合わせている。戦闘服の下にボディー・アーマーは着用していないようだが、UKSFは数種の目立たないベストの調達も可能だった。チェスト・リグは個人で購入したアークティス社製のもので、やはり色褪せた温帯用DPMである。

肩から提げたOD色のクレイモア地雷バッグも個人で調達したもので、周辺機材の携帯や射撃後の空弾倉を入れる「ゴミ袋」の役割を果たしている。

❸SBS・Z中隊・タスク・フォース42（アフガニスタン・2011年）

この「殺害もしくは拘束」作戦に出動しているSBS攻撃隊員はマルチカムのクライ・プレジョン社製のUBACS（アンダー・ボディー・アーマー・コンバット・シャツ）とG3戦闘トラウザーを着用している。戦闘服の右上腕部には赤外線を反射する国旗のパッチを付けている。

プレート・キャリアはパラクレイト社製のSOHPC-SKDで、プレート・キャリアにフェアバーン・サイクス・コマンドゥ・ナイフと黒い戦闘応急止血帯を挿んでいる。この胸部には低視認性の国旗が付いており、右上腕部には赤外線を反射する国旗のパッチを着けている。

プレート・キャリアの上に旧式のDPMロードベアリングPLCEアサルト・ベストを着用し、左肩にはCT3無線機のハンドセットがある。武器はL119A1カービンで、サウンドサプレッサー（消音器）、新型戦闘光学照準器（ACOG）、グリップ・ポッド社製フォワード・グリップ兼2脚、シュアファイアー・スポット・ライト、PEQ-15イルミネーターと多種多様な追加装備を付けている。

ミサイルの危機はなくなったものの大きな疑問が残った。本当のところ、何両のスカッド・ランチャー（発射機車両）が空と地上から破壊されたのだろう？

イラクは東ドイツ製のよく似たおとりのデコイ車両を多数投

入し、タンクローリー車もミサイル・ランチャーに誤認されて破壊されたという。アメリカ空軍の調査では、この作戦期間に実際のランチャーはひとつとして破壊されなかったという。

その一方でSASは、近距離から目視して破壊したミサイル・ランチャーの数を誤るはずがなく、また、それはデコイ車両やタンクローリーではないと主張した。連隊は間違いなくスカッドを「スカッド・ボックス」から北西イラクへと追いやった。

スカッド・ミサイルは精度と信頼性に欠け、長距離では正確に飛翔して命中することができない。国境付近からのランチャーの後退は、必然的にスカッドの脅威を減少させた。

シュワルツコフ大将はデルタ・フォースとSAS連隊に「イスラエルを参戦させなかったのは君たちのおかげだ」という個人的な感謝のメッセージを送ったとされる。

砂漠機動作戦技術の完成

SASは第1次湾岸戦争での「グランビー」作戦を経験することで、砂漠機動作戦の技術を完璧なものに仕上げた。

この技術は十数年後のアフガニスタンとイラク戦争の初期のアメリカ陸軍特殊部隊の作戦に大きな影響を与えた。

SASの機動部隊は「母艦コンセプト」を採用し、乗車パトロール隊に補給を行なった。この方法では戦闘車両のDPVに加えて、ウニモグの改造車数両とACMAT（ルノーのトラック製造子会社）製のVLRAトラックが戦闘部隊の作戦地域に進出し、機動部隊の前進補給拠点として運用される。

これらの車両は上空に飛来するイギリス空軍のCH-47チヌー

湾岸戦争　75

ク輸送ヘリコプターから燃料、弾薬、水などの投下補給を受ける。この「母艦コンセプト」の完成で、SASの機動パトロール隊は戦場に長期間留まって作戦を継続できるようになった。

回顧録の出版差し止め

その後、「グランビー」作戦におけるSASの貢献、そしてその後に失敗した「ブラボー・ツー・ゼロ」パトロール隊の隊員や、そのほかの将兵の手による回想録が何冊も刊行された。相次ぐ回想録の刊行は思わぬ副産物を生んだ。

国防省が秘密保持のため事前に承諾しないかぎり、兵士が回想録の出版や談話の類いを発表することを制限する秘密保持義務の締結を採り入れたのだ。

この協定に署名することを拒む兵士は「RTU'd（原隊復帰）」を命ぜられる。SAS隊員にとって由々しき事態だ。

作戦で2回負傷したブラボー・ツー・ゼロの生存者はニュージーランドの法廷でも、本の出版が差し止められた。本を出した隊員やジャーナリストに情報を提供したと疑われた隊員はブラックリストに載り、ヘレフォードとのつながりを断たれることになった。

◀2005年４月に撮影された２人の兵士はSBSのM中隊の所属と思われ、当時SBSは最後となる２回目の「タスク・フォース・ブラック」に配属されていた。温帯用DPMのPLCEアサルト・ベストの下には黒の目立たないボディー・アーマーとアメリカ軍のDCU戦闘服を着用している。左の隊員はL110A2ミニミ軽機関銃、右の隊員はL119A1カービンを携行しており、暗闇で熱線を感知して画像化するサーマルイメージング暗視装置が両方の銃に取り付けられている。

湾岸戦争　77

第5章
バルカン半島へ派遣
（1994～1999年）

第22SAS連隊の隊員がアメリカ軍の前線航空管制官から特殊作戦部隊用レーザー・マーカー（目標指示装置：SOFLAM）の使用訓練を受けている。航空攻撃目標の取得支援は現在の特殊作戦部隊の主要任務となっている。（USAF）

セルビア兵との戦い

　1980年代に第22ＳＡＳ連隊長と特殊部隊司令官（DSF）を務めたマイク・ローズ中将は、暴力によって崩壊した旧ユーゴスラビアのボスニア・ヘルツェゴビナで、1994年から1995年にかけて国際連合保護軍（UNPROFOR）の指揮をとった。

　国連が管理する多くの「安全地帯」がセルビア人勢力に包囲されている状況を正確に理解しようとローズ中将はＳＡＳの派遣を要請し、Ａ中隊とＤ中隊の一部が旧ユーゴスラビアに派遣された。

　ＳＡＳ隊員はイギリス陸軍の標準服装と、国連の青いベレー帽を着用して、L85A1A（SA80）アサルト・ライフルで武装し、公式にはローズ中将のイギリス軍連絡官という肩書きで活動した。

　前線航空統制官として訓練を受けていたＳＡＳ隊員は、セルビア人勢力に包囲された陣地に観測点を設定し、セルビア人勢力と交戦する決定が下された際には、レーザー目標指示装置を使って、NATO軍航空機を誘導することになった。

　ボスニア・ヘルツェゴビナでは戦死者も発生している。セルビア人勢力の陣地を調査していた国連軍の服装を着用したＳＡＳ隊員がゴラジュデで射殺されている。

　その一方でＳＡＳが救出したイギリス軍将校もいる。1994年４月16日に空母「アーク・ロイヤル」から発進した第801海軍飛行隊所属のシーハリアーFRS.1戦闘機がセルビア人勢力の発射したSA-7地対空ミサイル（SAM）によって撃墜された。

　撃墜されたパイロットのニック・リチャードソン大尉は、包囲された市街地域で行動中のＳＡＳ隊員の４人のチームによっ

て救出された。

この4人のチームは、市街地に侵入するセルビア人勢力の装甲車の縦列に対して幾度となく航空攻撃を要請した。最終的にセルビア人民兵の包囲網をかいくぐり、脱出に成功した。

戦犯容疑者の追跡

オランダ軍の大隊がセルビア人勢力から市民と数千人のイスラム教徒を守っているはずのスレブレニツァの国連「安全地帯」に国連軍のブルーのベレー帽を着用した2人のSAS偵察班が潜入した。

セルビア人勢力が攻撃を開始すると、偵察班は航空攻撃を要請したが、国連の官僚主義に阻まれ作戦は頓挫した。やがてSASチームは撤退を命じられ、スレブレニツァはラトコ・ムラディッチ上級大将率いるセルビア人陸軍（VRS）の手に落ち、その後に約8千人の民間人の大虐殺が起こった。

失敗に終わったスレブレニツァにおけるSASの作戦の真実を知ることはおそらく不可能だろう。悲劇についてパトロール隊指揮官は新聞に連載記事を執筆したが、2002年に国防省に訴えられ、出版が差し止められた。

1995年12月のデイトン合意後も、SASはアメリカ統合特殊作戦コマンド（JSOC）部隊とともに、旧ユーゴスラビア国際戦犯法廷に代わって戦犯の追跡を続け、現地での行動を継続した。

1997年7月の作戦で1人の戦犯容疑者を拘束し、もう1人は私服のSASチームに発砲したため射殺された。さらに1人の手配中の戦犯は1998年11月にセルビアの片田舎にあった隠れ家でSASに逮捕された。この戦犯はセルビアとボスニアを隔て

バルカン半島へ派遣　81

るドリナ川まで車で護送され、ＳＡＳのゾディアックボート（複合艇）でドリナ川を渡河すると、そこからヘリコプターに乗せられて国外へ移送された。

コソボの独立支援

　ＳＡＳのＤ中隊は1999年にコソボへ派兵され、ＮＡＴＯ軍航空機の攻撃を誘導し、ＮＡＴＯの地上部隊の進攻に備えて、経路の偵察を行なった。おそらくコソボの首都プリシュティナ近郊のスラティナ飛行場の偵察を目的としていたのだろう。

　1999年6月11日に「ピンキー」数台とＳＡＳ隊員を乗せたイギリス空軍のC-130ハーキュリーズ輸送機が、アルバニアのククス空軍基地を離陸後に墜落し、数人の隊員が負傷した。

　Ｇ中隊はマケドニアから前進部隊行動の実施と、ＮＡＴＯによる大規模短期進攻に備えて橋頭堡の確保を支援するためにコソボへ派兵された。

　その後、コソボ独立のために戦っていたアルバニア人民族民兵組織、コソボ解放軍の訓練と助言にＳＡＳ連隊が深く関わっているという軍事専門家筋の噂も長く尾を引いた。

第6章
シエラレオネでの人質救出
（2000年）

「バラス」作戦

　2000年9月に行なわれた「バラス」作戦で、SASは初めてイギリス陸軍の兵士を救出する作戦に参加した。

　暗号名「バラス」は、戦火で疲弊した西アフリカのシエラレオネで、「ウェスト・サイド・ボーイズ（ギャングの名称が差別的とされ、無難な名称にマスコミが改めた）」と呼ばれる現地の民兵組織に待ち伏せされて人質になった王立アイルランド連隊第1大隊の兵士5人とシエラレオネ軍の連絡官の救出作戦である。

　ウェスト・サイド・ボーイズは反政府武装集団の革命統一戦線（RUF）内の主要な反乱部隊だったが（訳注：諸説あり）、統制がとれておらず、選挙によって成立したシエラレオネ政府に残虐な暴力行動で敵対していた。

　ウェスト・サイド・ボーイズはピックアップ・トラックに搭載した14.5mm口径のZPU-2機関砲などイギリス軍よりも強力な武器を保有しており、加えて王立アイルランド連隊隊員が交戦をためらう、少年兵を連れていた（RUFの兵士の多くは誘拐されてきた少年であり、戦うことを強制され、酒と薬物でコントロールされていた）。

　この部隊の待ち伏せ攻撃でイギリスのパトロール隊11人が捕虜となり、長期間の交渉の末、そのうちの6人が釈放された。

　より広範囲な対RUF作戦「パリサー」を実施するため、SASとSBS部隊がすでにシエラレオネに派遣されていた。彼らは敵に包囲されたジャングル内の陣地にいたイギリス陸軍少佐と国連監視団将兵と交代すべく待機中だった。

　SASとSBSはRUFの兵力と配置を調査する秘密偵察を終え

2000年に「バラス」作戦のため、シエラレオネに派兵されたD中隊の隊員。左の隊員はL110A2ミニミ軽機関銃、同僚隊員はディマコ（現コルト・カナダ）社製C7A2アサルトライフルを携行している。

た。救出作戦実施に備えて、D中隊とこれを支援するパラシュート連隊の第1大隊が現地に派遣された。

　パラシュート連隊と第22SAS連隊は双方にメリットがある強固な関係を築いており、この関係は2005年、特殊部隊支援群（SFSG）が発足したことでさらに強固なものになった。

　人質解放交渉は難航し、トニー・ブレア首相はイギリスの威信を傷つけるための処刑を阻止すべく、作戦の実施を許可した。

　ウェスト・サイド・ボーイズは、ロッケル川地区のグベリ・バナ村を本拠地にしていた。川の対岸にグベリ・バナ村よりも大きいマグベニ村があり、そこに敵兵士とその同調者が住んで

シエラレオネでの人質救出　85

いた。

　作戦立案者は、敵に鹵獲されたイギリス軍のWMIKランド・ローバー３台のうちの１台が搭載している12.7mmブローニング重機関銃が使用され、ホバリング中のCH-47チヌークが撃墜されることを恐れた。さらにウェスト・サイド・ボーイズは宿営地のそばにDShKM12.7mm重機関銃を数挺配備していた。

　ＳＡＳはグベリ・バナ村の周辺に秘密監視点をいくつか設けており、これらの場所からウェスト・サイド・ボーイズの正確な配置、行動パターン、武装の程度を観察していた。

　ＳＡＳは人質の監禁場所も正確に確認していたが、ウェスト・サイド・ボーイズは人質をさらにジャングルの奥深くに移動させようとしていた。また金銭と引き換えに悪名高いRUF本体組織へ人質を渡そうとしている気配もあった。

　ブレア首相はエスカレートしていく状況から、軍の救出作戦実施を許可した。王立アイルランド連隊第１大隊のティム・コリンズ大佐は自叙伝で作戦計画を次のように語っている。

　チヌークは接近しながら宿営地の敵を制圧し、チヌークのドアの機関銃射手はサッカー場への着陸行動中に12.7mm重機関銃（監訳者注：DShKM重機関銃と思われる）を射撃して破壊することになっていた。

　一方、現地に入っていたＳＡＳのチームは援護射撃を行なう手はずだった。特殊部隊分遣隊のAH.7リンクス攻撃ヘリコプターは川の南側地区の地上を射撃して、鹵獲されたイギリス軍の車両と重機関銃の使用を阻止し、敵の援軍を押しとどめ、混乱に乗じて敵の村の攻撃を目的にした陽動の

空挺部隊を降着させる予定だった。

　サッカー場に降着した主攻攻撃隊は、監視チームの誘導を受けて人質に接触し、人質を安全な場所へ誘導することになった。

　われわれはウェスト・サイド・ボーイズの首領のカライも生きたままで捕らえたかった。4人のチームがカライを追跡・拘束し、16人のチームが救出隊を援護し、われわれの行動を妨害しようとするウェスト・サイド・ボーズの構成員を制圧する予定だった。

知られざるSASの活躍

2000年9月10日の夜明けと同時に攻撃が開始された。SASの監視チームは人質が監禁されている建物に入ろうとするウェスト・サイド・ボーイズの構成員と交戦を開始し、捕虜救出チームはファストロープで降下した。

　SASの救出隊の攻撃にもかかわらず、ウェスト・サイド・ボーイズは対戦車ロケット弾（RPG）数発をホバリング中のチヌーク向けて発射した。

　SASは人質の見張り役の兵士を射殺し、人質を奪還した。救出された人質は脱出地点に指定されたサッカー場跡地へと急いだ。

　激しい銃撃戦で敵弾を受けたSAS隊員もいたが、ボディー・アーマーのおかげで一命を取りとめ、着陸地点（LZ）に移送され、SASの衛生兵が救命処置に全力を尽くした。

　並行して、第1パラシュート連隊のA中隊が、対岸にあるマグベニ村西側の湿地帯に降着し、村の包囲と掃討を教範どおり

車両（I）

❶ランド・ローバー110「ピンキー」砂漠パトロール車（DPV）

DPVはSAS連隊が1960年代から使用してきた有名なⅡAシリーズ「ピンク・パンサー」の後継車両である。当初、車両は果てしない砂漠でのカムフラージュに最適とされたサーモン・ピンクに塗装されていた。その後、イギリス軍標準の砂色に変更されたが、愛称は「ピンキー」のままだ。

イラストは2003年の退役前のピンキーの一般的な姿で、標準的な12.7mm×99口径のL111A1（M2ブローニング重機関銃）をロール・バー上部に、左側座席の前に7.62mm×51口径のL7A2汎用機関銃（GPMG）を搭載している。

❷ロングライン高速軽攻撃車（LSV）

イラストはLSVのMk.2型四輪駆動車で、イギリス軍標準の砂色にダークグレイの迷彩塗装を施している。多くの人はLSVを典型的なSASの戦闘車両と思うかもしれないが、2003年にイラクでLSVが実戦使用されたかどうかについては大きな疑義を持たれている。確かにこの車両は前線に送り込まれ、中隊兵力増強演習に登場したが、積載量が少ないと伝えられ、シャーシーがやや脆弱なため、早々にホイールベースの短いランド・ローバー90「ディンキーズ」に換装された。

に行ない、交戦した。

リンクス攻撃ヘリコプターがウェスト・サイド・ボーイズの重火器を猛射し、南アフリカ人傭兵の操縦するシエラレオネ空軍のMi-24ハインドD攻撃ヘリコプターが機関砲とロケット弾でジャングルを掃討した。

村にいた敵の抵抗は激しかったが、パラシュート連隊の隊員が十数人の負傷者を出しながらも制圧した。公式記録ではウェスト・サイド・ボーイズ側の戦死者は25人とされているが、非公式には約80人と見積もられている。

人質全員が救出されたが、イギリス艦艇に搬送されたSASの負傷兵1人が残念なことに死亡した。

国防省の報道発表には「参加した軍部隊の技術、プロフェッショナリズム、勇気」に対する首相の賛辞が含まれていたが、予想どおりSASの参加についての言及はなく、作戦の成功は「第1パラシュート連隊第1大隊、リンクス攻撃ヘリコプターと空軍のチヌーク」の活躍によるものとなっていた。

▶所属部隊不明のUKSF隊員。2005年にアフガニスタンで撮影。新型戦闘光学照準器（ACOG）が取り付けられたL119A1カービンCQBバージョンで射撃をしている。パラクレイト社製プレート・キャリアと思われるボディー・アーマーを着用している。

第7章
アフガン戦争 I
(2001〜2006年)

無謀な「トレント作戦」

2001年9月11日にアメリカ同時多発テロ事件が起こると、イギリスは最も早く支援を表明した国のひとつになった。

イギリスによるアメリカ支援の中核を担ったのがイギリスの特殊部隊だった。噂によると（少なくともSISの指令を受けたことのある元隊員軍属によると）、ＳＡＳ連隊は1980年代にアフガニスタンに派遣されたことがあり、そこで反ソビエト連邦のムジャヒディンの訓練にあたったという。

D中隊はスペシャル・プロジェクト（SP）即応待機任務につき、Ｂ中隊は海外で長期の演習に参加していたため、2001年10月中旬に第22ＳＡＳ連隊のＡ中隊とＧ中隊の隊員が第21、第23ＳＡＳ連隊からの増援要員とともに、アメリカ軍の「不朽の自由作戦」を支援するためにアフガニスタンに派兵された。

しかし、派兵当初に割り当てられた作戦は、あまりにも単純な偵察任務で彼らを失望させるものだった。

ウサーマ・ビン・ラーディンの逮捕を目指した2001年12月の「トラボラの戦い」にもＳＡＳ隊員は参加していない。SBSの小規模部隊がデルタ・フォースの中隊（スコードロン）とともに行動したが、アルカイダの洞窟基地に対する接近戦はジャーナリストの浮かれた想像にすぎない。激しい戦闘とかけ離れたところにいたＳＡＳが、重要な戦闘に加わるようになったのは特殊部隊司令官（DSF）とブレア首相の個人的介入の成果だった。

ところが、ＳＡＳがアフガニスタンで単一で行なった最大規模の「トレント作戦」は無謀と評価する人もいるほど正確な偵察もなされずに実行された作戦であった。それでもＡ中隊とＧ中隊は強固に防備されたカンダハール南西のアヘン精製所を白

昼に攻撃した。

　まずG中隊の空挺小隊に所属する1個分隊が人里離れた砂漠の平坦地にHALO（高高度降下低高度開傘）し、主攻となる攻撃部隊の空挺堡を設けた。

　そこにC-130ハーキュリーズ輸送機が飛来し、38台の「ピンキー」DPVと2台の補給輸送車、乗車するA中隊とG中隊の隊員を降ろした。攻撃部隊は編成地まで移動して攻撃準備を整えた。

　作戦ではG中隊が機関銃、迫撃砲、ミラン対戦車ミサイルなどの火力支援拠点を構築し、A中隊が目標に突入することになった。

　A中隊は目標に車両で接近し、到達後下車して、定石どおりの歩兵掃討を行なう予定だったが、近接航空支援は、驚いたことに1時間しか割り当てられていなかった。

　それでも爆撃から作戦が始まり、G中隊の81mm迫撃砲の突撃支援射撃がそれに続いた。A中隊が目標に駆け寄り、統制された敵の反撃を制圧して目標を確保した。

　連隊先任曹長（RMS）を含む数人が負傷したが、そのほかの隊員はボディー・アーマーとヘルメットで負傷を免れた。のちに軍十字章を授章されたG中隊の中隊長は4発もの銃弾を受けながら、ボディー・アーマーのおかげで敵弾が貫通することはなかった。さらにG中隊は、アメリカ軍機に誤爆される寸前に回避して大惨事を免れた。

　SASの元隊員のケン・コナーは言う。

　「SASは戦略部隊です。SASに見合った任務がない場合は使うべきではありません」

　目標の重要度や不十分な準備についてはさておき、意見を総

アフガン戦争I　93

合すると「トレント作戦」は戦略任務とは言いがたく、作戦は
アメリカ陸軍のレンジャー部隊が実施するべき性質のもので、
ＳＡＳが実施する必要性があるとは言いがたかった。

第21と第23連隊のアフガン任務

　第22ＳＡＳ連隊はイラクに派兵されていた中隊から小隊規模の
兵力をアフガニスタンに送っていた。

　2006年にこの派兵形態は公式に終了し、以降、特殊部隊司令
官（DSF）はＳＡＳをイラクに、特殊舟艇部隊（SBS）をアフガ
ニスタンに割り振った（アメリカの統合特殊作戦コマンド司令
官スタンリー・マクリスタル陸軍中将〔のち大将〕も同様の区
分を行ない、デルタ・フォースをイラクに、シール・チーム６
とレンジャー部隊を交代でアフガニスタンに派兵した）。

　国防義勇軍の第21ＳＡＳ連隊と第23ＳＡＳ連隊はアフガニスタ
ンでの行動を継続し、SIS隊員の警護と誕生まもないアフガニス
タン陸軍（ANA）とアフガニスタン国家警察（ANP）の育成
にあたった。さらに両連隊は特殊情報部（SIS）と協同して、多
様な軍閥を統廃合する際に重要な役割を果たした。

　2008年６月にラシュカルガー付近でスナッチ・ランド・ロー
バー軽装甲車がIED（簡易爆弾）によって破壊され、第23ＳＡＳ
連隊の隊員３人が女性の陸軍情報伍長とともに戦死した。２つ
の連隊は2010年にイギリス陸軍の一般部隊に任務が移譲される
まで、主としてANPの訓練を継続した。

第8章
イラク戦争
(2003〜2009年)

イギリス特殊部隊「ロー」作戦

「ロー」作戦は、2003年に開始されたイギリス軍のイラク進攻作戦「テリック」の中で、イギリス特殊部隊(UKSF)に与えられた作戦名である。その後、「テリック」作戦は、対反乱勢力戦(COIN)として2009年まで継続された。

イギリス特殊部隊は任務に応じた2つのタスク・フォースに分けられ、2個のSAS中隊が「タスク・フォース14」、SBSが「タスク・フォース7」となった。

イギリス特殊部隊に与えられた当初の任務はイラク軍部隊の位置と兵力を突き止め、戦略目標を攻撃することにあった。またSBSはイラク軍部隊の降伏交渉にもあたった。

一方、SASは有志連合軍の真の作戦目標を悟られないよう、欺瞞作戦を展開した。

イラク西部の砂漠にあるアル・カーイムにあった水処理場は、化学兵器貯蔵施設だと推定され、スカッド発射基地の疑いもあった。

2003年3月17日、SAS連隊のB中隊とD中隊の多くがヨルダン国境から進攻し、水処理場の攻撃に向かった。

『メール・オン・サンデー』紙の編集者で、軍事問題に関する

2003年にイラク南部で実施された「ロー」作戦の初期段階に撮影されたSBSと思われる(写真の解像度は低いが)貴重な写真。隊員はイギリス軍のDPMとアメリカ軍のDCUを混用した戦闘服を着用し、PLCEアサルト・ベストを着用している。車両は「ピンキー」ではなくランドローバー・ウルフの偵察・近接火力支援型(WMIK)で、前の車両は12.7mm重機関銃、後ろの車両はミラン対戦車ミサイルを搭載している。SBSとSASは2004年に小型戦闘車両をランド・ローバーからスパーキャット社製のHMT400「ジャッカル」(高機動輸送車両)の監視偵察型(SRV)および攻撃挺進型(OAV)に換装した。

書籍も執筆しているマーク・ニコルとのインタビューで、あるSAS将校が次のように語った。

　60人の隊員で構成されたD中隊は3波に分かれて、CH-47ヘリでイラク国境を越えて120キロメートルの飛行を実施す

イラク戦争　97

る予定でした。

　目標地点はかつてイスラエルに向けて発射されたスカッド・ミサイルが配備された場所で、そこに大量破壊兵器（WMD）が貯蔵されていると考えられていました。

　6機のCH-47は、イラク進攻が最後の活躍の場となった「ピンキー」DPVとともにD中隊を空輸した。D中隊はパトロール車を使用して警戒陣地を構築し、陸路ヨルダンから進出してくるB中隊の到着を待った。

　化学兵器貯蔵施設と推定された水処理場への接近はイラク軍に探知されて戦闘になり、1台のピンキーが破壊され、放棄された。

　水処理場への攻撃は複数回SASが押し返され、近接航空支援を要請してようやくイラク軍の反撃を沈黙させることができた。

　このときD中隊の第16小隊は、シリア国境近くのイラク陸軍施設へ武力偵察を行ない、偵察後に攻撃を仕掛けた。

　ほかの2つの小隊はこの地域で機動待ち伏せ作戦を行なったが、「テクニカル」に乗車したサダム・フェダイーン（サダム殉教者軍団）の大部隊に反撃された。のちにこの2個小隊は主要幹線道路を通ってシリアに逃走するイラク指導者を捕捉する作戦にも参加した。

SBSの不名誉な戦い

　SAS中隊で編成された「タスク・フォース14」は、主としてアメリカ陸軍のデルタ・フォースで構成された「タスク・フォ

2006年にイラクで撮影された「タスク・フォース・ブラック」のSAS襲撃隊員。アメリカ軍のACUとDCUを着用している。ボディー・アーマーはレンジャー・グリーンのパラクレイト社製RAVプレート・キャリアで、胸部のホルスターにSIGザウァーP226ピストルを収納している。MICHヘルメットに取り付けられた暗視装置は視界を妨げないようにはね上げられている。右端の兵士はライフルにイギリス軍の新型戦闘光学照準器（ACOG）ではなく、EOTech社製のモデル551を装着している。この光学照準器はSAS連隊の同僚部隊であるデルタ・フォースの隊員が好んで使用していた。

ース20」やオーストラリアSAS（SASR）で編成された「タスク・フォース64」と密接に協力して行動した。前述した初期のアフガニスタンでの作戦と異なり、イラクではSASは各国特殊部隊と緊密に関わり、多くの場合は戦略任務作戦を担った。

　3月21日、SASはオーストラリアのSASR第1中隊と協同して、H2とH3の暗号名がつけられたイラク軍の飛行場を奪取し

た。

　またＤ中隊の数個の小規模チームはイギリス中核攻撃部隊が安全に前進するための進路偵察を行なった。これらの作戦でイギリス特殊部隊は戦死者を出していない。

　当時の新聞報道が、ＳＡＳ部隊が北イラクで不名誉な戦いをし、その結果、「ピンキー」１台、オートバイ１台、スティンガー携帯地対空ミサイル１発を奪われ、これらの鹵獲品がテレビで放映されたイラク軍のパレードで展示されたと伝えた。

　この失態はＳＡＳによるものではなく、ＳＢＳのＭ中隊が起こしたものだった。このＳＢＳ中隊はイラク軍装甲車の支援を受けたサダム・フェダイーンの大規模部隊による待ち伏せ攻撃を受け、装備品を奪われる結果になった。

　攻撃を受けたＳＢＳ部隊は散開を余儀なくされ、退却戦を繰り広げた。ある回想録では、アメリカ空軍のＦ-16戦闘機の攻撃で敵の動きが緩慢になるまで、オートバイでシリアに向けて逃走したと記されている。DPVは撤収前に棒状爆薬で破壊しようとして失敗した結果、鹵獲されたものであり、ＳＢＳはこの作戦の失敗で不本意な非難を浴びた。

　イラクでの戦闘が終結すると、ＳＡＳはバグダッドに再配置され、新たな任務につくことになった。Ｂ中隊とＤ中隊は、Ｇ中隊と交代して帰還するまで、SISの支援作戦を行なった。

　マイク・アーバンによれば、イラクとアフガニスタンの２方面での任務のためＧ中隊が送り出した要員は、イラクにわずか20から30人、アフガニスタンに約10人だけだったという。

　十分な検討がなされずに戦闘を終結したイラク戦争は、その６か月後にイラクの民族主義反乱勢力、外国人ジハーディスト

と元バース党党員が対立、内戦として再燃しイラクを引き裂いていく。

SASとデルタ・フォースの強固な関係

SAS中隊は、かつてサダム・フセインが使用していたチグリス川の河岸の宮殿を宿舎として使い、デルタ・フォースと強固な関係を築くため、同部隊の隣室、あるいは米陸軍レンジャー部隊の部屋から近い一室で起居した。

デルタ・フォースとSASはより密接した環境を求めたようで、壁に穴を開けて行き来できるようにした。王宮の背後には離着陸できるヘリパッドが造られ、ここから攻撃・スナイパーチームがアメリカ陸軍第160特殊作戦航空連隊（ナイト・ストーカーズ）のMH-60ブラック・ホーク特殊作戦用ヘリコプターとMH-6リトル・バード攻撃強襲用ヘリコプター、のちにイギリス統合特殊部隊航空団のAH.7リンクス攻撃ヘリコプターとピューマHC多用途ヘリコプターに搭乗して容易に夜戦に出動できるようにした。

SASは「タスク・フォース14」の名前で作戦に従事し、部隊は2004年に「タスク・フォース・ブラック」と呼ばれるようになった（同時にデルタ・フォースは「タスク・フォース・グリーン」、シールズは「タスク・フォース・ブルー」、米陸軍レンジャーは「タスク・フォース・レッド」と呼ばれることになった）。

イラク戦争　101

前政権重要人物の追跡

　SFSG(タスク・フォース・マルーン)中隊の支援を受けたSASは中核中隊を形成し、存在が秘匿された統合支援群からの支援も受けていた。SAS中隊はヒューミント(人的情報収集)の専門訓練を受けたイラク軍部隊「アポストルス」とともに行動した。

2007年初めにバグダッドでのアルカイダの自動車爆弾ネットワークの追跡に重点を置いていた時期の「タスク・フォース・ナイト」の隊員たち。アメリカ軍の迷彩戦闘服を多用していたことはあまり知られていない。右端の温帯用DPMスモックを着た兵士は背嚢が見えることから衛生兵と思われる。いずれもL119A1カービンにサウンド・サプレッサー（消音器）を装着している。イラクにおいてSASによる消音器の使用は増加したが、これは秘密の作戦行動のためではなく、主に建造物内での射撃の反響音を低減させるためだった。左端の隊員のカービンは自身の手によって砂色と緑色でカムフラージュ塗装されている。この写真は戦術情報などのメモされたアームバンド（左から2人目）、それぞれ戦闘服の上腕部やボディー・アーマーに付けている部隊が判明するパッチは情報保全のため黒く塗りつぶされている。

「パラドキシカル」と呼ばれる作戦の中で、SASはイラク国内の対反乱勢力戦（COIN）と対テロリスト戦（CT）を行なう新任務が与えられた。この任務は2005年から「クライトン」作戦と呼ばれることになる。

「タスク・フォース・ブラック」は、高価値目標を含む前政権重要人物（FRE）のリスト「カードデック」を渡された。これ

らの悪名高い目標人物については当初、重要視されていなかったが、じつはSASは2003年6月から彼らを追跡していた。

2003年6月、イラク南部のマジャール・アル・カビールで王立憲兵隊（RMP）の6人を殺害した容疑者の追跡もSASの任務に加えられた。

RMPの殺害につながった大規模な暴動が再発する可能性についてSASは警告を受けていたが、部隊はバグダッドを離れ、殺人容疑者を追跡する「ジョカール」作戦と名づけられた独自の捜査を開始した。

SAS隊員はRMPの特徴的な赤色のベレー帽と憲兵の腕章を着用し、RMPに扮して捜査にあたった。このような偽装は地元イラク警察やイラク民間人の同情を得るためだったと考えられている。

しかし、RMPの格好をして「赤帽」をかぶった隊員がイギリス軍の標準装備のSA80ライフルではなく、SASの標準装備（当時）のカナダ・ディマコ社製のカービンで武装していたことから、イギリス特殊部隊（UKSF）に関する知識を持つ者は騙せなかった。

洗練されたSASの戦術

前政権重要人物（FRE）追跡以外で最初に実施された作戦は、A中隊が担当した2003年10月の「アバロン」作戦だった。

ラマーディーにおける外国人傭兵の「まとめ役」を目標にした、この作戦は誤った理由から忘れられない作戦となった。ある家屋への初期攻撃でSAS隊員数人は小火器とRPGの反撃を受け、同行のSBS隊員が戦死してしまったからだ。やがてデル

バグダッドに設営された米英共同ヘリパッド「フェルナンデス」任務支援サイトにおけるSAS隊員（2007年に撮影）。拡大して見ると右側の隊員のボディー・アーマーにはデルタ・フォース隊員と同様、合衆国国旗の上に「F**K アルカイダ」と記したパッチがある。このようなパッチの着用はすぐに広まり、ユニオンジャックのパッチも作られた。当時のSAS連隊長も低視認性のユニオンジャック・パッチ、そして髑髏（どくろ）とGをデザインし、「処罰執行者」の文字が入ったG中隊のパッチを付けていた。ほかのパッチにはA中隊の赤いサソリを図案化したものなどがあった。左側の隊員のボディー・アーマーに挿し込まれているのは赤外線ケミカルライトのスティックで、着陸地点の表示や目標家屋において掃討が完了し、安全確保がなされた部屋を示すなど２つの用途に使われた。

タ・フォースが支援に駆けつけ、この家屋は確保された。

　その後、イギリス空軍（RAF）のCH-47チヌークが支援するようになって、SASはアメリカ軍の支援を受けずに、ある程度独自に作戦を展開できるようになった。

　ところが2004年２月にバグダッドで実施された家屋襲撃で、SASはすんでのところで主要目標であるヨルダン人テロリストのアブ・ムサブ・ザルカウィを取り逃がしてしまった。ザル

イラク戦争　105

カウィは在イラク・アルカイダの首領であり、のちにイラクとレバント（東部地中海沿岸地方）における自称「イスラム国（IS）」の活動開始に影響を与えた人物である。

このような失策はあったものの、SASはスーダン人からパキスタン人まで多様な外国人傭兵を拘束、または殺害した（ある作戦では誤ってイラク人CIA部隊まで拘束してしまったという）。

作戦を重ねるにつれて、SASの戦術はより洗練されたものになっていった。上空を飛行中のヘリコプターに搭乗したスナイパーによる目標への射撃から、「家屋襲撃」とイギリス軍が呼称する一般的な作戦例も含まれた。

これらの作戦はSAS戦術の基本となり、SASは目標に接近するための多くの技術を習得した。家屋侵入の方法も静かに目標へ接近・侵入する「ソフト・ノック」から、フレーム爆弾を用いたり、車両を激突させて壁を破壊して突入するダイナミックな方法まで多様になった。

部隊専用のヘリコプターも増派され、侵入方法には建造物の屋上に降下して階下に移動することも含まれるようになった。

デルタ・フォースが試験に成功した比較的新しい隊員増強方法もSASの戦術に含まれるようになった。それは襲撃隊員とともに目標建造物に侵入する戦闘攻撃犬（CAD）のことである。

反乱勢力の攻撃が頻繁になるにつれ、道路わきに仕掛けられる爆発物の脅威も増し、SASチームは作戦行動の行き帰りにこれらの爆発物でしばしば攻撃されるようになった。

SASが愛用した「ピンキー」とスナッチ・ランド・ローバーは爆発物に無防備だったため、2005年にアメリカ軍から貸与

「フェルナンデス」任務支援サイトを離陸するアメリカ軍第160特殊作戦航空連隊のMH-6リトル・バード特殊作戦用ヘリコプター。SASの攻撃部隊が搭乗している。不鮮明だが興味深い写真だ。

されたハンヴィーに交換された。

　ハンヴィーの採用で、SAS隊員は敵の爆弾と銃弾からある程度、身を守ることができるようになった。アメリカのデルタ・フォースは、パンデュール装輪装甲車を使用しており、SASも同車両の導入を検討したが、オーストリア・シュタイア・ダイムラー・プッファ社の製造が追いつかず、最終的にオーストラリア製のブッシュマスター防護機動車（PMV）を改造した通称「エスカペード」を調達した。

手荒な米軍の捕虜の取り扱い

　SAS連隊の指揮官はアメリカ統合特殊作戦コマンド（JSOC）との作戦統合をさらに進めるよう要望を出し続け、SASもデルタ・フォースと同じようにスンニ派反乱勢力やイラ

クのアルカイダなどを攻撃目標とするようになった。

2006年1月の「トラクション」作戦で、「タスク・フォース・ブラック（SAS）」は、実質的にデルタ・フォースの増派分遣隊として作戦に従事し、バラドにあるタスク・グループ本部はJSOCの指揮所の隣になった。

部隊専用のピューマとリンクスも増派され、ヘリコプターからの監視能力が向上した。しかし、リモートコントロールできる無人機（UAV）はまだ導入されておらず、有人偵察に頼るほかなかった。

デルタ・フォースとの統合には2つの支障があって行き詰まった。1つはイギリスの交戦規定（ROE）のほうがアメリカのそれと比べて制限が多かったこと、また容疑者の拘束はSASによって行なわれたものの、JSOCに引き渡されたのちの容疑者の取り扱いが問題となった。

アメリカ人兵士数人は攻撃部隊が拘束した容疑者をテーザー銃（電極が発射されるスタンガンの一種）などを使って手荒く扱い、外国人ジハーディストの一部はCIAに引き渡され、CIAの「ブラック・サイト」で拷問を受けた。

イギリスは非人道的な容疑者の取り扱いにUKSF（イギリス特殊部隊）が関わることを良しとしなかった。

「魔法の杖」でテロリストを追いつめる

JSOCのマクリスタル中将の作戦計画はF3EA、もしくは「発見-監視-攻撃-利用-分析」にまとめることができる。これは、目標（テロリスト）を探し出し（発見）、目標を観察して場所を特定し（監視）、目標を攻撃して拘束・殺害する（攻撃）、情報を

ブッシュマスター4輪駆動防護機動車。SAS仕様のこの車両を撮影した写真は、知られているかぎり2枚しか存在せず、これはそのうちの1枚である。車両上部のコングスベルグ（ノルウェーの軍需企業）のプロテクターRWS（遠隔操作式銃塔）には12.7mm重機関銃、グレネード・ランチャーが搭載されている。写真の車両にはフロントガラスのすぐ上にワイヤカッター・バーが見え、この装備は乗員がハッチから身体を出している際に、路上に張り渡されたワイヤーから身を守るための装備である。主要部分の装甲は厚く、専用のブルバー・グリルガードも取り付けられており、目標建造物の塀や路上の障害物の排除に用いる。多くの電波妨害装置など対IED（即席爆発物）電子機器を搭載している。SAS連隊は合計24両のブッシュマスターを調達した。

収集し（利用）、集めた情報を解析する（分析）ことである。

　この作戦方式が策定されると、マクリスタル中将は指揮下の攻撃部隊に精密現地調査（SSE）を命じた。

　隊員は作戦で押収したノートパソコン、外付けハードディスク、書類、そして最も重要な携帯電話など、ありとあらゆるものを袋に詰めて作戦区域から撤収した。

　部隊の作戦技術が向上すると、中将は攻撃部隊を支援するためアメリカの情報機関や連邦捜査局（FBI）など軍以外の組織とも緊密な関係を築き、SSE技術の向上に努めた。

殺害されたテロリストや拘束した被疑者を含む、あらゆる対象物を隊員は現場で撮影し、その写真は鑑識に回された。このような方法で捜査側は被疑者の隠された素性や背後関係を明らかにしていった。

　JSOCはイラク国内の携帯電話の通信をリアルタイムに傍受できるようになった。さらに「魔法の杖」と呼ばれる電波標定装置を手にした隊員は携帯電話通信の方向まで探知できるようになった。

　報道によると、JSOCやＳＡＳはターゲットとなる人物につながる通信を探知し、携帯電話の所在地、誰と通信したか、通信時間などの情報を収集できるようになったとしている。

　目標地点で収集された証拠品と上空を長時間飛行しながら偵察を行なうUAVなどが活用されて、容疑者の行動パターン、ほかのテロリストや反乱勢力との関わりが立証され、有志連合軍の作戦に役立てられた。(原著注5)

　　原著注5：第22SAS連隊の元連隊長の証言によると、攻撃チームが拘束作戦のために空輸する時間がない場合や、隊員が過度の危険にさらされる可能性がある場合など、目標人物に接近できないときは、テロリストと認定された容疑者は武装無人機や攻撃機によってスタンドオフ方式で攻撃された。

延期された派兵期間

　ＳＡＳ隊員は夜間攻撃部隊となり、毎夜３～４回の襲撃を行なった。部隊は日中に休息と装備品や資機材の整備補給を行なった。午後にブリーフィングが行なわれ、前夜の作戦行動で収集した情報をもとに情報・目標選定班がまとめた資料を参考に

作戦が立てられた。

　マクリスタル中将とＳＡＳ指揮官は、時としてアメリカ特殊作戦部隊とＳＡＳ部隊を連合し、協力して夜戦にあたらせた。ＳＡＳと特殊部隊支援群（SFSG）の隊員は、アメリカ陸軍の標準戦闘服（ACU）や旧型の砂漠迷彩戦闘服（DCU）を頻繁に着用して協同するアメリカ統合特殊作戦コマンド（JSOC）部隊に溶け込んだ。

　ＳＡＳ隊員もアメリカ軍のデルタ・フォース隊員のように、一風変わった服装を好み、特殊部隊隊員であることをアピールできるよう、非正規のアメリカ軍とイギリス軍の制服を取り混ぜて着用したり、民生品をしばしば身につけて作戦に従事した。

　情け容赦ない襲撃のペースと対アルカイダへの集中攻撃により、ＳＡＳ隊員の戦死・戦傷者も増加していった。

　ある軍曹は至近距離から顔にAK47アサルト・ライフルの銃撃を受けたが、奇跡的にも一命をとりとめた。別の隊員は自殺爆弾の爆風を受けて屋根から落下した。

　派兵期間は当初４か月だったが、作戦を行なう環境をSAS連隊がより深く理解できるようにとの理由で６か月に延長された。派兵期間の延長は、隊員の心理的な代償をともなった。

　じつはアメリカのデルタ・フォースは３か月で６人の戦死者と多数の負傷者を出したため、マクリスタル中将は、疲弊したデルタ・フォースの「数値改善」のために、ＳＡＳに協力を求めたのである。

車両（Ⅱ）

❶HMT400「ジャッカル」監視偵察車（SRV）／攻撃挺進車（OAV）

このイラストは1990年から1991年かけての「グランビー」作戦以降にSASから高い評価を得たL7A2（GPMG）を2連装銃座にして搭載したジャッカルの典型的なタイプである。前部座席のスイングアウト式銃架にもGPMGが装備されている。

イラストの車両にはジャヴェリン対戦車ミサイルも搭載され、長期行動に備えた大型の物品搭載スペースがある。CH-47チヌーク輸送ヘリコプターやC-130ハーキュリーズ輸送機で空輸が可能である。

特殊部隊用は本来、キャンバス・トップ型であったが、やがてロール・バーや一部に装甲が追加された。アフガニスタン派遣以降は車体下面の装甲を強化することでIED（即席爆発物）対策が施され、座席は爆風から乗員を守る構造となった。

❷トヨタ・ハイラックス・ピックアップ・トラック
非標準戦術車両（NSTV）

アメリカのSOF部隊と同様に、SASもアフガニスタンとイラクで市販型のピックアップ・トラックを多用した。イラストは2008年にアフガニスタンで使用された車両で迷彩塗装が施され、衛星通信機材のアンテナが装着されている。ルーフ・キャリアには対IED電子システムが搭載され、ロール・バーにはL7A2（GPMG）が装着されている。

砂漠での使用に適したトレッドの広いタイヤを装着し、砂に車輪がとられたときに備えて、フロントグリルのブルバーに「スタック（脱出）プレート」を取り付けている。

SASは通常、トヨタ・ハイラックス・ピックアップ・トラックを使用したが、アフガニスタン国家警察から譲渡されたフォード・レンジャーと、現地で調達した三菱製の車両が使用されている姿も目撃されている。2014年に連隊はこのような車両を60両調達し、戦場で使用する車両を増備した。

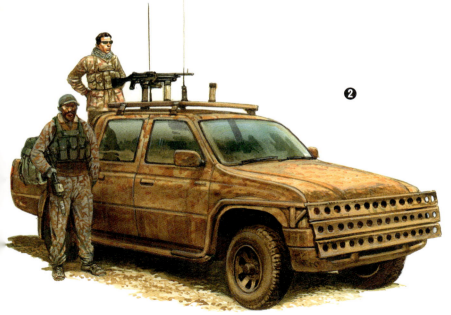

イラク南部バスラでの戦い

SAS連隊はイラク南部に駐留するイギリス軍タスク・フォースを支援するために小規模なSAS分遣隊をバスラに駐留させた。

ここで行なわれていた「ハトル」作戦では、イラク南部で活動する特殊情報部（SIS）を直接支援することと、「タスク・フォース・ブラック（SAS）」の攻撃作戦のために接近して目標の偵察を行なうことがSAS分遣隊に与えられた主要な任務だった。

バスラ駐留のSAS分遣隊は、数年間でわずか数人という少数で、高い頻度で作戦を行なう「タスク・フォース・ブラック」に比べて目立たない存在だった。

しかし、2007年までに「ハトル」作戦は大規模なものになり、増強された分遣隊は「タスク・フォース・スパルタン」と改称された。このタスク・フォースは、シーア派反乱勢力とそのイラク人支援者を攻撃する作戦を行なった。

「スパルタン」作戦でSASの「タスク・フォース・スパルタン」はアルマゲドン小隊の支援を受けた。アルマゲドン小隊は過去に「アルマゲドン」作戦（UKSF支援作戦の暗号名）に参加した経験があるバスラ宮殿に駐留した歩兵大隊から選ばれた警戒線設定の即応部隊だった。

アルマゲドン小隊はSAS部隊に対し機動支援を行ない、SASは作戦の際、この小隊のFV510ウォーリア歩兵戦闘車、のちにFV430ブルドッグ装甲兵員輸送車に乗車して目標へ向かった。

これらの戦闘車両は必要があれば交戦しながら敵側行動地域の市街地を走り抜けて、目標地点にSAS攻撃チームを輸送した。

目標家屋内で撮影された第22SAS連隊「タスク・フォース・ブラック」の攻撃チーム。不鮮明ながら興味深い写真だ。隊員たちはアメリカ軍のACU、マルチカム、砂漠用DPMを取り混ぜて着用している。かろうじて確認できるのは左から2人目と中央の隊員がプレート・キャリアの上に付けたG中隊の「処罰執行者」パッチで、円形の黒地に黄色の髑髏、その上に「G」が入った図案が見て取れる。右側の隊員はフルカラーのユニオンジャックと「F＊＊K アルカイダ」の文字を組み合わせたパッチをプレート・キャリアの左側に付けている。

　攻撃目標に達すると戦闘車両は警戒線の設定に使用され、警戒線を維持して戦闘中のSASを支援した。多くの作戦で部隊の撤収は激しい銃火の中で行なわれた。

人質救出作戦
　イラク駐留中にSAS連隊は数多くの人質救出作戦を実施した。そのなかでも平和活動家ノーマン・ケンバーの救出作戦と、反乱勢力に同調するイラク警察に捕らえられたSAS隊員2人の救出作戦は注目を集めた。
　ノーマン・ケンバーは2005年11月にバグダッドで誘拐され

た。ただちに彼を探し出し救出する「ライトウオーター」作戦が発動された。

2006年3月、SAS連隊とSFSGは、ケンバーとともに監禁されていた2人のカナダ人を捜索していたバグダッド駐留のカナダ統合第2タスク・フォースが協同で実施したと推測される作戦でケンバーは解放された。だが、ケンバーが救出された時点で人質1人は反乱勢力によって処刑されていた。

「ライトウオーター」作戦はSASの尋問を受けていた1人の反乱勢力からの情報に基づいて実施されたと考えられている。

尋問を受けていた被疑者は、人質に危害を加えず解放しないとSASの報復を受けることになると仲間の反乱勢力に電話で伝えたのだろう。

救出隊員が目標家屋に突入し、家宅捜査したが、誘拐犯はすでに行方をくらませていた。その後、ケンバーが救出部隊に感謝の言葉を述べるのを渋ったことから、のちに彼を批判する声が高まった。

イラクにおけるSASの作戦を理解するのに不可欠な書籍であるマーク・アーバンの『タスク・フォース・ブラック』によると、ケンバー捜索のため、50か所以上の目標が攻撃され、SASは作戦に44回参加し、47人の被疑者を拘束したという。

興味深いことに、攻撃した50か所以上の目標のうち、情報価値がない「空井戸（ドライホール）」は4か所だけだったという。そして、この多数の目標の数が蜘蛛の巣のように構築された反乱勢力、犯罪者ギャング、アルカイダのつながりの広さを物語っている。

DPM迷彩のフード付きスモックを着用したバグダッドの第22SAS連隊「タスク・フォース・ナイト」の隊員。情報保全のため、パッチや戦術メモが黒く塗りつぶされている。MICHヘルメットにはAN/PVS-21暗視装置が装着され、ヘルメットの側面には敵味方識別用の赤外線を反射するパッチが貼り付けられている。アーマー・ベストは「レンジャー・グリーン」のパラクレイト社製RAV。左肩のCT3ハンドセットはペルター社製のヘッドセットに接続され、ボディー・アーマー後部のパウチにはラカル・クーガー無線機を収納している。右肩の上の機材は初期の爆風計で、IED（即席爆発物）による衝撃レベルを記録し、救護時に脳震盪の有無などを確認する。RAVの上部中央にはペツル社のヘッドランプがあり、上部左右に見える白い正方形の物は拘束した対象者の手や脚を縛るためのプラスチック製の結束バンドである。SAS連隊とデルタ・フォースはピストルをチェスト・リグに装着。胸部に収納すると、ドアや窓などを通過する際も邪魔になることはなく、素早く取り出して構えることができる。マガジン・パウチはRAVの横に、「フラッシュバン」グレネード・パウチは前部にある。ピストルのマガジンが右脇に挿し込まれている。右胸に下がっている黒いベルトは、カービンをウエスト部で保持するため、応急的に作られたシングル・ポイント・スリングである。

SAS隊員の救出作戦

2005年9月、反乱勢力に協力していたと思われたイラク警察（バスラ）の幹部を隠密偵察中のA中隊の隊員2人がイラク警察に発見・銃撃され、逃走の末、捕虜になった。

イラクのテレビ放送によるとSAS隊員は重武装で、L119A1カービンのほか、5.56ミリ軽機関銃ミニミ、66ミリロケット弾LAWを携行していた。この武装を考えるとイラク警察との交戦を回避した隊員の自制心は賞賛に値する。

当時、イラク南部の警察はシーア派民兵に掌握されており、2人のSAS隊員は重大な危機に直面していた。目隠しされて暴行を受けた隊員はジャミアット警察署へ連行され、尋問を受けていた。

捕虜になったSAS隊員の救出のために第1パラシュート連隊（この1個大隊が新SFSGの中核部隊となった）の小隊の支援で増強されたA中隊がバスラから空路ジャミアットの目標に向かった。

◀アメリカ軍のDCUを着用したSAS隊員。イラクにおける夜間の家屋強襲作戦時の姿で、装備は前ページの写真のものとほぼ同じだが、細部で異なっている。砂色のヘルメットは茶色のペイントで雑にカムフラージュされている（同様にL119A1カービンも自身でカムフラージュ・ペイントしたようだ）。カービンはボディー・アーマーとストラップ留めされており、不測の事態があっても主要武器を失わないようにしている。このような作戦で隊員はわずかな弾薬しか携帯していないことに注目されたい。この隊員はカービンの予備マガジン3個と、ピストルの予備マガジン2個しか携行していない。素早く再装填できるよう、マガジン・パウチは開かれたままで、マガジンにはマグプル社製のゴム・ストラップを取り付けている。ピストルのマガジンはカービン・マガジン・パウチの横に装着されている。敵から大きな脅威を受け、近くで爆発が起きたり、負傷したときでも、「筋肉の記憶」すなわち反射的に身体が覚えている動作に頼れるよう、装備品は常に同じ位置に装着する。

イラク戦争　119

アメリカ軍とイギリス軍の無人機（UAV）とヘリコプターが進出し、目標のジャミアット警察署の上空を飛行して睨みを利かせた。有名な話だが、ＳＡＳ隊員救出のためにアメリカ軍はデルタ・フォースも出動させようとした。

　上空ではヘリコプターで突入するためＳＡＳ隊員が待機し、暴徒からの攻撃を受けながらもイギリス軍の一般部隊がジャミアット警察署を包囲し始めた。

　警戒線が構築される前に、捕虜となっていたＳＡＳ隊員が警察署から逃げ出して、待機していた車両に飛び乗ると、警察署をあとにした。

　その後、ジャミアット警察署の建物はイギリス軍のウォーリア歩兵戦闘車によって破壊された。

　ＳＡＳによる攻撃を予想していた誘拐犯は、大胆さよりも慎重さを賢明に選択したようで、人質を解放した。この救出作戦で「タスク・フォース・ブラック」の部隊名が報道され、秘匿性を重んじる部隊は名称を「タスク・フォース・ナイト」に改めた。

　人質救出作戦は、実施可能な情報が得られるたびに継続的に実施された。これらの救出作戦の中には、イギリス人の民間軍事会社の社員５人と彼らの監督であるイラク財務省のコンサルタントの救出作戦も複数回含まれている。

　民間軍事会社の社員はすでに処刑され、発見されることはなかった。イラク財務省のコンサルタントは数年後にようやく解放された。

落下傘連隊第 1 大隊所属のSFSGの「タスク・フォース・マルーン」の隊員。バグダッドの有志連合軍ヘリパッドで撮影された写真である。第 1 大隊の隊員は砂漠用DPMの上に目立たないボディー・アーマーもしくはブラックホーク社製アサルト・ベストを着用し、チェスト・リグはそれぞれ異なっている。中央の隊員は胸部に24発収納のハットン・ショットガン弾薬帯を装着している。右の隊員の袖には12発のショットガン弾弾薬帯があり、バンジーコードで突入時に使用するショットガンをベストに装着している。ハットン・ショットガン12番ゲージ弾薬は、金属粉をロウで固めたフランジブルのスラグ弾で、至近距離から射撃すると施錠されたドアを撃ち壊すには十分な運動エネルギーを放出するが、命中後ほぼ完全に分解飛散するため、跳弾で近くの味方やドアの向こう側にいる人間に危険を及ぼす恐れが少ない。後方左側にはSASが空中スナイパーを投入する際に多用された陸軍航空隊のAH.7リンクス攻撃ヘリコプターが見える。

SASへの惜しみない賛辞

　2006年、ＳＡＳ連隊は高価値目標の一部を与えられた。高価値目標とされたのは、バグダッドとその近郊で暗躍していた自爆テロ集団である。

　この集団は自爆自動車爆弾（専門用語で自殺車両SVBIED）と狂信的な人物や精神障害者の体に巻きつけた自殺爆弾を使用

イラク戦争　121

した（この自爆攻撃でアルカイダはダウン症候群の若年者を利用したと悪名高い）。

テロリストに対する絶え間のない攻撃作戦により、2006年に月150件余りあったバグダッドの自殺爆弾が、2007年には月２件に減少し、市民と首都で行動する有志連合軍に安全をもたらした。

注目を集めることを恐れるイギリス特殊部隊（UKSF）の思惑とは別に、アメリカ統合特殊作戦コマンド（JSOC）のマクリスタル中将は惜しみない賛辞で、イラクにおけるSAS連隊の貢献、とくに2007年のA中隊の派兵を賞賛した。

デヴィッド・ペトレイアス有志連合司令官（アメリカ陸軍大将）も2007年にSAS連隊を特に褒め称えた。

「SAS連隊はアルカイダの自動車爆弾ネットワークの解体やその他のアルカイダ行動の阻止など、バグダッド首都圏での作戦遂行で多大な貢献をした。連隊の成果は目覚ましいものがある」

作戦成功の影に尊い犠牲

2007年、イギリス軍はバスラにおいてシーア派民兵と和解し、「タスク・フォース・スパルタン」は撤収し、南部イラクのSAS作戦は公式に終了した。

だが、イラクのほかの地域での対アルカイダ地上戦は継続され、有志連合軍はスンニ派の反乱勢力に対する戦いでは勝利を収めつつあった。

SAS連隊は毎夜、複数の目標を襲撃し多忙を極めたが、作戦の成功とともに反乱勢力の首領、支援者、爆弾製造者、物資

やや不鮮明ながらも、イラク戦の戦史上では貴重な写真。当時アメリカ軍JSOC司令官であったスタンリー・マクリスタル中将（右から2人目）が、第22SAS連隊長とともに写っている。その他の2人は連隊長が率いる「タスク・フォース・ブラック」の攻撃チームの隊員である。2007年のSAS連隊A中隊の派兵時に中将は次のように述べている。「私は中隊が180日、6か月ごとに交代することを知っている。確か中隊は175回作戦に参加したはずだ。これは毎夜、戦闘に参加していることを意味する。私は中隊に数回同行したが、中隊の任務は車両に乗り組んでパトロールすることではなく、攻撃することだった。ときに中隊は空から目標地点に投入されることもあったが、通常は降着すると、数キロを徒歩で前進し、奇襲を敢行した」

補給者は徐々に疲弊していった。

　しかし、犠牲者なしでSASがこの作戦のペースを維持できたわけではない。2007年4月と2007年11月にSASの作戦を支援中のイギリス空軍のピューマHC多用途ヘリコプターが墜落し、この2つの事故でSASは多数の負傷者と戦死者を出した。

　2007年9月にはバグダッド内の自殺爆弾の製造グループに対する攻撃で、豊富な戦闘経験をもつSAS連隊の軍曹が射殺された。

「クライトン」作戦の終了

2007年の「イラク増派」と、イラク国内でスンニ派が対アルカイダの「アンバールの目覚め」作戦を始めるにあたり、ＳＡＳとアメリカ統合特殊作戦コマンド（JSOC）が大きな役割を果たしたことはよく知られている。

「アンバールの目覚め」作戦を推進したのは、マクリスタル大将の副司令官グレアム・ラム中将（元ＳＡＳ将校で特殊部隊司令官）だった。ラム中将の戦略は、いわば「アメとムチ」で、スンニ派の首領は名誉に傷がつくことなく、対アルカイダ戦で有志連合軍側につく機会が与えられた。

その一方で和解を拒むスンニ派グループは、ＳＡＳとJSOCの目標リストに再録され、攻撃対象となった。ラム中将の戦略にはベールに隠された「ムチ（脅迫）」が含まれていたのである。

イラクでの作戦行動がようやく終息しつつあったときに、Ｂ中隊が「タスク・フォース・ナイト」として最後の交代配置につき、この中隊はイラクで初めての戦闘HALO（高高度降下低高度開傘）降下を行ない、連隊史に新たな1ページを付け加えた。

しかし、さらなる犠牲者も生まれた。ティクリートで目標家屋に侵入しようとしたＳＡＳ隊員のうち1人が戦死、4人が重傷となり、戦闘襲撃犬も死亡した。

この作戦では反乱勢力の銃撃が激烈で、地上からの増援は危険すぎると判断されたため、AC-130Hスペクター局地制圧用攻撃機（ガンシップ：C-130輸送機に機関砲や榴弾砲などを搭載した対地攻撃機）による砲撃が要請された。

2009年５月、「イラクの自由」作戦の一部である「テリック」作戦におけるイギリス特殊部隊（UKSF）の「クライトン」作戦は終了した。

　ＳＡＳの攻撃で約３千人の反乱勢力とテロリストが拘束され、約400人が戦死したとされる。

　ＳＡＳ連隊側は家屋襲撃で隊員５人が戦死し、ヘリコプターの墜落で３人が死亡した。全作戦でＳＡＳの負傷者は数十人にのぼった。

アフガニスタンでの用途に合わせて改造されたトヨタ・ハイラックス・ピックアップ・トラック。部隊がこの車を調達後に施されたと思われる迷彩塗装、荷台のロール・バーに取り付けた銃架とL7A1汎用機関銃（GPMG）、ルーフ上の各種無線機のアンテナ、フロントグリルのブルバーなどが見える。

第9章
アフガン戦争 II
(2006〜2014年)

「キンドル」作戦─タリバンとの戦い

　前述のとおり、アフガニスタンではSBS（特殊舟艇部隊）が主要責務を担い、SASはイラクで長期戦に専念した。

　タリバン反乱勢力が現われると、2006年にイギリス軍がアフガニスタン南部のヘルマンド州に派遣され、「朝鮮戦争以降で最も激しい戦闘」に巻き込まれた。

　「キンドル」作戦は、イラクで行なわれた「クライトン」作戦と同等の作戦であり、特殊作戦は通常、SBSや特殊偵察連隊（SRR）隷下の中隊が対処し、特殊部隊支援群（SFSG）の1個中隊が支援にあたった。

　統合部隊は「タスク・フォース42」となった。2009年にイラクにおける兵力が削減されると、SASの2個中隊がアフガニスタンに派兵され、SAS連隊は兵力をアフガニスタンに集中した。

　2009年にアメリカのマクリスタル陸軍大将が国際治安支援部隊（ISAF）の司令官になり、参加国に「アフガン・サージ（増派）」が要請された。SAS部隊の移動もこの増派要請期間に行なわれた。

　マクリスタル大将はタリバンの勢力地域の奥深くで大規模戦を展開して反乱勢力の不意を衝き、自身が立案した「掃討、確保、増派」の対反乱勢力戦（COIN）戦略の成功に努めた。

　この構想は、まず反乱勢力との競合地で敵を掃討し、確保された地域を維持できるだけの兵力を駐留させ、最後にその地域の安定化構築を開始する戦略である。

　安定化構築は地域住民を味方につけるため、インフラストラクチャーの整備・再建が急いで行なわれ、地域に基本的な行政機関を導入することで、タリバン側の「影の首長」との戦いが

2010年にアフガニスタンで長距離偵察行動中のSFSG隊員。中央の隊員はUBACSシャツの上にSOHPCプレート・キャリアを着用している。車両はHMT 400「ジャッカル」の派生型の監視偵察車(SRV)である。

行なわれた。

　この戦略では特殊作戦部隊が要となり、マクリスタル大将はイラクで培ったこの戦略をアフガニスタンにも導入して、タリバン指導者と支援者の影響力を低下させようとした。

　2009年の「アフガン・サージ」開始後、敵対勢力に対する殺害や拘束作戦は、それ以前の3倍以上行なわれ、駐留するアメリカ統合特殊作戦コマンド(JSOC)とイギリス特殊部隊(UKSF)はアフガニスタンでの対テロリスト戦(CT)に注力した。

ところが、マクリスタル大将の政府批判がマスコミにリークされたため、彼はISAF司令官を解任され、代わりに「イラク・サージ」の立案者でもあるデヴィッド・ペトレイアス大将が後任となった。司令官が交代しても、交渉のテーブルにつくことを拒むタリバンに対する攻撃が止むことはなかった。

殺害者リスト

　外部に漏れ出た、ある報告書に次のような記述が見られる。

　「タスク・フォース42は『ベートーベン5』作戦を敢行し、統合優先人物リスト（JPEL）に掲載されていたベートーベンをIS473で攻撃した。ベートーベンとその他3人の反乱勢力（INS）は殺害された」

　この簡潔な報告が真に意味するのは重要反乱勢力目標に対する危険な拘束・殺害作戦である。

　ベートーベンとは排除目標を列記したブラックリストの統合優先遂行リスト（JPEL）に記載されている重要人物の暗号名で、JPELは実質的に高価値反乱勢力の要殺害リストであった。

　この作戦は作戦名「ベートーベン5」と末尾に「5」が付けられていることから、目標に対する5回目の攻撃で拘束・殺害されたことがわかる。

　IS473の表記は地形図上の座標で、ヘルマンド州ラシュカルガー市の南を指している。作戦結果の概要は目標と3人の反乱勢力がUKSF隊員により殺害されたことを示している。

　ベートーベンはムッラー・ジャウディンの暗号名で、NATOの報道発表によると、彼は路肩に設置される爆発物（IED）の製造や調達、その設置に密接な関係があるタリバンの首領だった。

2010年にアフガニスタンで撮影された第22SAS連隊B中隊の隊員。2人ともクライ・プレシジョン社製マルチカム戦闘服の上にパラクレイト社製SOHPCボディー・アーマーを着用し、ピストルをウェストのホルスターに入れている。右の隊員の胸部にあるクマの足跡が描かれたパッチはB中隊のもので、これはかつてマラヤで中隊の隊員がクマをマスコットにしたという言い伝えにちなんだ図案である。

アフガン戦争Ⅱ　131

第2次世界大戦当時、北アフリカの砂漠で活躍した長距離砂漠挺進隊を想起させる写真。アフガニスタンで作戦中のUKSF部隊が停車して現在地を確認している。おそらくSBSの隊員だろう。長距離行動のため「ジャッカル」監視偵察車（SRV）には多くの物品が搭載され、荷台上にはL7A1汎用機関銃（GPMG）の2連装の銃架が設けられている。隊員の服装や装備品はさまざまで、アウトドア・チェアなど市販品の用具も使用している。写真の中央下にはグリップ・ポッド社製2脚付きのAK47アサルトライフルが見える。

　この報告で特徴的なことは、UKSFの作戦参加に関しての言及はなく、攻撃部隊が単にISAF部隊としている点である。
　2011年にイギリス軍の高級幹部が、SAS連隊がタリバンの中級リーダーを毎月130～140人のペースで殺害している事実を一時的に認めたことで、SASの作戦の一端が垣間見えた。
　この活動はイラクの活動と大きく異なっていた。SASの交戦規定（ROE）が変更され、表向きには作戦行動はアフガニス

早朝もしくは夕方の低い光線を浴びて、アフガニスタンで補給中のイギリス空軍のCH-47チヌーク輸送ヘリコプターの周囲を警戒する「ジャッカル」SRV/OAV。UKSFの戦術補給技術が機動部隊の長期・長距離行動を可能にした。ジャッカルにはL7A1汎用機関銃（GPMG）の２連装銃座が設けられている。GPMGはその制圧火力としての威力がSASから高く評価されていた。

タン警備部隊が主導するものとされた。

しかし、現実に作戦の立案、実行、支援はすべてSAS連隊が主導した。アフガニスタン人が「夜襲」と呼ぶ攻撃で一般市民の犠牲者も発生し、政治的配慮から、SASは突入前にメガホンを使って通訳者の呼びかけを行なうことが定められた。

マクリスタル大将は「勇敢な自制」という方針を規定し、有志連合軍は政治的決定の遵守を義務づけられた。その結果、市

街地域に対する航空攻撃はますます困難になった。

高価値目標の拘束・殺害作戦

　有志連合軍の特殊作戦部隊（SOF）とSASの協力の重要性が増すとともに、イラク以来のマクリスタル大将とデルタ・フォースとの密接な協同作戦により、SASの目標選定能力はさらに向上した。

　アメリカの著名なジャーナリストのリンダ・ロビンソンは、タリバンの司令官ムッラー・ダドゥーラーの追跡について次のように語る。

　「アメリカ軍の特殊作戦部隊（SOF）はパキスタンで拘束され、のちに釈放されたダドゥーラーの弟の通信を傍受することで、ターゲットを追跡しようとした。ムッラー・ダドゥーラーがアフガニスタンに再入国する計画があることを知ると、SOFは秘密情報をヘルマンド州に駐留するイギリス特殊作戦部隊に伝達し、イギリス軍コマンドゥが4時間にわたる激戦をへて最終的にダドゥーラーを排除した」

　SAS連隊は高価値目標の拘束・殺害作戦をあらゆる方法で

▶2011年にアフガニスタン南部のヘルマンド州のキャンプ・バステェンで訓練中のイギリス軍一般部隊。後方の車両はSASのブッシュマスター防護機動車（PMV）で、2008年にイラクで撮影された車両（109ページ参照）と同車種だが、この車両はRPG対戦車ロケット弾に対抗するため、ケージ装甲（車体周囲を籠状のフェンスで覆い、成形炸薬弾〔HEAT〕が命中してもケージの隙間に挟まって止まり装甲に激突して起爆することを防ぐ）を追加装備している。またブッシュマスターは底部がV字形状になっており、地雷の爆風を車体側面に逃がすようになっている。車体前方上部に遠隔操作の武器ステーションを備え、さらに車体後方の2つの上部ハッチには軽機関銃を1挺ずつ搭載することも可能である。乗員2人のほか9人の兵員が乗車できる。長距離行動に対応して3日間の所要燃料、物資が積載できる。（Owen Humphreys）

展開した。作戦の多くはヘルマンド州駐留のイギリス軍部隊を支援するものでもあった。

特殊偵察連隊（SRR）隊員は通常、小型UAV（ドローン）など、UKSFの情報・監視・目標取得・偵察（ISTAR）アセットを使用して目標の監視にあたった。

目標の確実な状況と行動記録が解析されると、情報はSASへ渡され、目標排除のための最適な方法が策定される。

対象人物を拘束するために襲撃部隊を目標地点へ、地上やヘリコプターから送り込む方法が検討される。作戦が有志連合軍に大きな被害をもたらすと判断された場合には、被害が最小となる場所まで追跡し、ヘリコプターからの空中狙撃やイギリス空軍（RAF）のリーパー・ドローンからヘルファイア・ミサイルを発射して目標を排除した。

人質を全員無傷で救出

イギリス特殊部隊（UKSF）はアフガニスタンでもイラクと同様に数多くの人質救出作戦に参加したが、2010年10月8日に行なわれたイギリス人の復興支援活動家リンダ・ノルグローブの救出作戦には参加していない。

この救出作戦は、作戦中にアメリカ統合特殊作戦コマンド（JSOC）の「シールズ・チーム6」の救出チームが、不用意に投げた破片手榴弾でノルグローブが死亡する結末となった。

救出作戦にUKSFが参加しなかった理由は、東部アフガニスタンはシールズ・チームが勝手知ったる土地であったことと、当時、SASは全力を挙げて南部で行動していたためと考えられている。

SBSとSFSGの統合部隊。SFSGの隊員はオスプレイ1型もしくはECBAのボディー・アーマー、そしてPLCEアサルト・ベストを着用していることから、特殊部隊支援群の海兵隊コマンドゥと思われる。左側の隊員の足元に2脚を開いたアキュラシー・インターナショナルAWSMスナイパーライフルが置かれている。

　その一方で、SASが出動した人質救出作戦もある。

　2012年6月、アフガニスタン北東端でイギリス人復興支援活動家1人とケニア人1人、アフガニスタン人2人の計4人の人質救出作戦が実施され、SASはシールズ・チームとともに出動した。

　傍受した通信から人質がパキスタンへ移送される危険が迫っていたため、人質救出作戦の「ジュビリー」が発動された。

　人質は二組に分けられ、それぞれ別の洞窟に収容されていた。アフガニスタン人と見られる人質2人には7人の反乱勢力が見張りについていた。ケニア人とイギリス人には4人が監視していた。

　奇襲作戦を実施するため、SAS・シールズ連合攻撃隊は目

アフガン戦争Ⅱ　137

標から数キロ離れた地点に降着し、夜間に森林地帯を進んだ。夜明け前に両チームは最終攻撃地点に到着し、同時に攻撃を開始した。

見張り役は「フラシュバン」の炸裂で視力を奪われたうえで射殺された。反乱勢力は全員が射殺され、人質は全員が無傷で救出された。

「集落安定化」作戦

ＳＡＳは近年の軍事史で初めて移動を伴わない「対反乱勢力戦（COIN）」作戦に従事した。それは「集落安定化（VSO）」作戦である。

ＳＡＳ連隊はすでにCOIN作戦の第一人者になっていたが、2001年以降、ＳＡＳに与えられた新たな任務は、圧倒的に直接的な武力行使が多かった。

マクリスタル大将は有志連合軍の特殊作戦部隊（SOF）を幅広い集落安定プログラムに投入することで、アフガニスタン人の「人心を掌握しよう」と考えた。

シールズやＳＡＳのような部隊は、タリバンの脅威を受けそうな大きな集落に「セキュリティ・バブル（安全圏）」を設定する任務を負った。

あるアメリカ軍の特殊部隊将校は、「高価値目標が殺害・拘束されたり、パキスタンに逃亡すると、SOFは必然的に価値の低い下級リーダーを目標にすることになる。殺害・拘束作戦は実用的な限界が見えている」と指摘した。

つまりＳＡＳの専門技術は、VSOプログラムで活用できるか

逆光気味だが、2008年後半にアフガニスタンで行動中のSFSGを撮影した写真。クライ社製の戦闘服とパラクレイト社製RAVプレート・キャリアを着用している。携行しているのはL119A1カービンではなくL85A2ライフルで、これは当時SFSGとSRRに支給するだけのL119A1がなかったことによる。詳しく見ると部隊のマークスマンは、シュミット&ベンダー社製の光学照準器とサウンドサプレッサー（消音器）を取り付けたHK417ライフルを携行している。HK417が行き渡るまで、光学照準器を装着した少数のG3Kライフルが使用されていたと思われる。

ら、下級目標を追わせるのは戦略的に意味がなないということである。

多発する新たな戦い

　20世紀後半と同様、21世紀初頭のＳＡＳはいくつもの「小規模戦」に巻き込まれた。「アラブの春」やアフリカにおけるアルカイダの影響を受けたジハーディスト集団の台頭、シリアの崩壊、ＩＳ（イスラム過激派組織）の脅威などが連隊を多忙にした。

　多発する新たな紛争に対応するため、イギリスは特殊部隊群に新たな部隊を創設した。それがＥ中隊だ。この新編は2007年と推定され、通常は特殊情報部（SIS）の協調部隊、あるいは進出が困難な地域でのSISの支援を直接実施する統合UKSF（イギリス特殊部隊）となった（オーストラリアのSASRでも類似した任務を与えられた第４中隊が創設されたことは興味深い。イギリスと同様にオーストラリアの部隊も存在が秘匿されている）。

　SISと思われる隊員がリビアで反乱勢力の首領に面会を試みた初期の作戦は、SISと警護部隊が別の反政府勢力に捕らわれて失敗した。

　このときＥ中隊から派遣された警護部隊は、隊員が発砲した場合の外交的影響を恐れたSIS隊員の強い要請で降伏したと考えられている。

　部隊はのちに帰還した。その後、反カッザーフィー（カダフィ）勢力を指導教育するため、Ｄ中隊から選抜された隊員が私服姿でリビアに派遣された。

　また、SISとともにUKSFがアフリカのマリに駐留し、「サーバル」作戦の一環としてフランス軍の特殊作戦を支援したとも伝えられている。このUKSFの行動は、軍事的な武力行使よりも、情報の共有にあったいわれる。

　イエメンにもアメリカ統合特殊作戦コマンド（JSOC）部隊と

アフガニスタンのヘルマンド州でのUKSFとアメリカ海兵隊の協同空挺作戦で、CH-47チヌーク輸送ヘリコプターで空輸中の部隊。機内でSFSGの隊員が全地形対応車（ATV：4輪バギー）にまたがっている。後方のトレーラーには物資が満載されている。隊員の手でカモフラージュ塗装されたヘルメットにはLEDライトのマウントがあり、PMAGマガジンにはマグプル社製のグリップが装着されている。(US Marine Corps)

同様に、UKSFの小規模部隊が派遣された。UKSFの小規模な統合部隊は、JSOCとともに2014年12月に行なわれた「シールズ・チーム6」のイギリス人救出作戦を支援した。この作戦では残念ながら人質になったイギリス人と同僚の南アフリカ人は殺害されてしまった。

いまも続くアフガニスタンでの作戦行動

対IS戦である「シェーダー」作戦で、SAS中隊を含む約200

人のUKSFの部隊が北イラクに派遣され、市販型のランド・ローバーとトヨタ・ハイラックス・ピックアップトラックに乗車して行動したといういくつかの報告がある。

クルド人ペシュメルガ軍の将官は「米英特殊部隊の任務は訓練と指導のみで、オブザーバーとして前線に赴くときもあるが、いかなる戦闘にも参加していない」と証言し、アメリカとイギリスの特殊作戦部隊の駐留と支援を認めている。

アメリカのJSOCはイラク北部に駐留する「タスク・フォース27」を創設した。このタスク・フォースの任務は、ISの高価値目標に対する武力行使で、2014年と2015年に人質救出とISの高価値目標の殺害・拘束作戦のため、シリア東部に進出した。

対IS戦が過激化すれば、間違いなくSAS連隊とデルタ・フォースはシリアに戻ると思われる。実際、2015年5月に東部シリアで、デルタ・フォースを支援するために、SASチームが目標に接近して偵察を行なったと伝えられている。

2014年12月に「ヘリックXX」作戦が終了したのちも、アフガニスタンの「キンドル」作戦は継続し、SASが中隊規模の兵力を残留させて襲撃作戦を実施しているといわれている。

イギリス軍が攻勢作戦を公式に終了させた数か月後でも、特殊部隊支援群（SFSG）は高い頻度で行動に出ている。

空挺部隊の広報誌『ペガサス』がうっかり報道してしまったが、2013年にSFSGはアフガニスタン内務省の「タスク・フォース444」特殊作戦部隊とともに、爆発物の製造者と物資補給者を目標に作戦を展開し、接近戦で敵を殺害したと、SFSGの将校が述べている。

アフガニスタンでのSFSGの行動は当面のあいだ続くと思われる。

第10章
SASの兄弟部隊

2010年、オーストラリアSASRの隊員ベン・ロバーツ・スミスは卓越した武勇を発揮したとして、最高位のヴィクトリア十字章が授与された。写真のスミスはEOTech社製の光学照準器とエイムポイント社製の倍率可変器を装着した7.62mm×51口径のMk14 Mod 0バトルライフルにバンジーコードを付けて携行している。左袖に国旗のパッチがあり、腰には「ダンプ・パウチ」と呼ばれる大型の雑嚢を付けている。（Australian Defense Force）

新たなUKSF支援部隊

前述のとおり、すべてのイギリス特殊部隊（UKSF）は特殊部隊司令官の指揮下にある。特殊部隊司令部はアメリカ統合特殊作戦コマンド（JSOC）部隊のイギリス版として1987年に発足した。

隷下には第22ＳＡＳ連隊、SBS、SRR、SFSG、第18（UKSF）通信連隊、統合特殊部隊航空団とE中隊（11ページの注釈で述べたとおり、第21ＳＡＳ連隊と第23ＳＡＳ連隊の予備部隊はもう公式にイギリス特殊部隊の一員でない）がある。

UKSF増設部隊のいくつかについて簡単に説明しておく。

SAS、SBS、SRRを密接に支援するため、第１空挺中隊と、海兵隊コマンドゥと空軍の連隊から即応待機につく中隊が2005年に特殊部隊支援群となった。

特殊部隊支援群はアメリカ陸軍レンジャーとおおむね同じ任務を受け持つ部隊で、独立して行動する能力を備えているが、通常、交通遮断と緊急展開部隊として「ティア１」部隊の支援にあたる。

またUKSF隷下には交代でSASとSBSの対テロリスト戦（CT）即応待機中隊の支援にあたるCT訓練を受けた中隊もある。

特殊偵察連隊（SRR）は近年創設された部隊である。陸軍監視隊と北アイルランドで名声を博した情報保全隊（デット）分遣隊から編成された同部隊は、長距離偵察、秘密監視、ヒューミント（人的情報収集）、テクニカル情報収集をイギリス特殊部隊のために行なう。

今日のSRRはかつてＳＡＳ自身が基本任務としていた戦場での偵察任務を実施している。隷下の「監視偵察班」もSRRのエリ

144

ート部隊である。

オーストラリアとニュージーランドのSAS

　イギリス連邦と同盟国には第22ＳＡＳ連隊と強い絆と伝統を持つ部隊が存在する。

　1957年に発足したオーストラリア特殊空挺連隊（SASR）は、第22ＳＡＳ連隊に最も類似した編制をとっている部隊である。

　2010年、古くからの３個中隊（サーベル・スコードロン）に、新たに第４中隊が誕生した。同中隊は秘密偵察、監視、挺進行動を専門とし、オーストラリアの情報機関と協同任務を遂行し、情報機関に分遣隊を派遣している。

　2001年からSASRはアフガニスタンでの戦いに深く関わり、イラク作戦では特殊部隊任務群を派遣してイギリスのＳＡＳとともに戦闘に参加した。戦闘終結後も、SASRはイラクへ派兵され、「オクラ」作戦の兵力となっている。

　SASRは西オーストラリアのパースに所在するキャンベル兵舎に駐屯し、イギリスのスペシャル・プロジェクト（SP）チームと同様のコンセプトを持つCT（対テロ）即応任務にもついている（東海岸では第2コマンドゥ連隊が同様の任務にあたっている）。

　アフガニスタンでの戦功でヴィクトリア十字章を授与された４人の兵士のうち２人は特殊空挺連隊の兵士である。

　ニュージーランドのＳＡＳ群も第22ＳＡＳ連隊の直系の部隊だ。1955年、ＳＡＳ中隊として発足したニュージーランドの部隊は第22ＳＡＳ連隊とともにマラヤ、ボルネオで活躍し、のちにはオーストラリアSASRとともにベトナムに派兵された。

SASの兄弟部隊　145

1999年に開始された東ティモール介入では、SASRとSBSとともに任務にあたった。

今日のニュージーランドのSAS部隊は2個SAS中隊とCTコマンドゥ中隊、爆発物処理（EOD）中隊で編成されている。

ニュージーランドSAS中隊はアフガニスタンで「タスク・フォース81」として活躍し、2012年3月に公式に作戦終了するまでに複数の戦死者を出した。兵士1人はヴィクトリア十字章を授与されている。

SASの血筋をひくヨーロッパ特殊部隊

2つのヨーロッパ部隊も第2次世界大戦時の特殊空挺部隊の直系である。ベルギーの空挺コマンドゥ連隊第1空挺大隊は、2010年に新編された陸軍特殊部隊群に編合されるまで、第2次世界大戦時のベルギー第5SAS隊の血筋を引いていた。

第1空挺大隊はいまも第2次世界大戦時と同じ金属製の帽章と部隊章を使用している。

第2次世界大戦に活躍したフランスの第3SAS隊と第4SAS隊の伝統も第1海兵歩兵落下傘連隊（1er RPIMa）に引き継がれ、部隊章にはSASのスローガンである「Qui Ose Gagne（挑む者に勝利あり）」の文字が入っている。第1海兵歩兵落下傘連隊の編成はSASと類似しており、各中隊（スコードロンとほぼ同一の編成）は（HALO HAHO落下傘降下、小型舟艇・スキューバ、機動、山岳・極地戦など）それぞれ任務に応じた潜入方法と能力・戦技を有している。

フランスのSASはアフガニスタン、中央アフリカ、マリでの「サーバル」作戦においてその存在感を広く示した。

2013年、アフガニスタンのヘルマンド州でのアメリカ海兵隊との協同作戦を終え、後方のCH-53輸送ヘリから降機したSFSG隊員。クライ社製のマルチカム戦闘服と、市販品のトレッキング・ブーツを着用し、UKSFがマークスマン・ライフルに指定したH&K製HK417ライフルを携行している。(US Marine Corps)

第11章
SASの小火器

ピストル—SIGザウァーP226

 9mm×19弾薬を使用するL9A1（FNブローニング・ハイパワー・ピストル）は、イギリス軍の中心的な制式ピストルであったが、1980年代後半にL105A1（SIGザウァーP226）に換装され、SASは第2次世界大戦にまで遡ることのできるブローニング・ハイパワーとの密接な関係に終止符を打った。
 SASが現在使用するP226はフレーム先端の下面にピカティニー・レールを装備し、通常ここにウェポン・ライトが取り付

UKSFのディマコ／コルト・カナダ製5.56mm×45口径L119A1カービン。トリジコン社製の新型戦闘光学照準器（ACOG）が装着され、拡大するとイギリス軍装備品の刻印が打たれている。（Colt Canada）

けられる。弾薬容量20発のロング・マガジンもしばしば利用される。

　携帯時の秘匿性が重視される場合は、より小型のSIGザウアーP228や、さらに小型のP230なども使用される。

　近年ではグロック・モデル17ピストルやフルオートマチック射撃のできるグロック19を含む、グロックの派生型数機種の使用も増えている（監訳者注：2015年、イギリス軍の制式ピストルはL105A1〔SIGザウアーP226〕からグロック・モデル17に換

SASの小火器　149

▶SIGザウァーP226ピストル（レール付き）。SASの突入部隊はトリガーガード前方のレールにレーザー・レッド・ドット・ポインターなどの照準補助装置を装着して使用する。(Tokoi/Jinbo)

◀グロック17ピストル。SASマニュアルセフティ付き特別仕様。スタンダードモデルはトリガー自体がセフティを兼用している。(Tokoi/Jinbo)

装された）。

出番が減ったMP5サブマシンガン

かつてSASの主力装備品だった9mm×19弾薬を使用するH&K（H&K）モデルMP5ファミリーのサブマシンガンは近年使われることは稀になっている。

しかし、このサブマシンガンで使用できる9mm×19弾薬フランジブル弾は跳弾の危険が少なく、必要以上に貫通しないので、周辺に2次被害を出す可能性がより低く、「ホックラー（H&Kの愛称）」は、国内や土地所有者の許可が必要になる人質救出作戦の際に使用するために残されている。

サウンドサプレッサー（消音器）が組み込まれたH&K製MP5D3サブマシンガンで射撃の訓練をするSAS隊員。市販品のフード付きスモックを着用している。砂漠用DMP戦闘トラウザーの迷彩パターンがよくわかる。撮影場所はイラクで、詳細は不明。

　一方、敵対勢力の武装が高威力だったアフガニスタンでの人質救出作戦では、MP5サブマシンガンよりも長射程で、戦闘能力が高い5.56mm×45弾薬を使用するL119A1カービンのショートバレルのCQBバージョンが使用された。

　北アイルランドでは9mm×19弾薬を使用するMP5サブマシンガンのほか、5.56mm×45弾薬を使用するH&KモデルHK53カービンをSASは使用した。

　のちにより強力な7.62mm×51弾薬を使用するH&KモデルG3Kカービンも使用された。G3Kカービンが支給される前には、連隊の要望でアルゼンチン軍から鹵獲したベルギーFNあるいはアルゼンチンFM製のサイドホールディングの折りたたみ式ス

SASの小火器　151

SASの主要な小火器

❶H&KHK53カービン

　5.56mm×45口径のHK53カービンは北アイルランドで多用された。HK53はMP5サブマシンガンよりもわずかに大きいだけだが（銃床を収納すると610mm以下）、5.56mm×45ライフル弾を使用できるようチャンバー（薬室）は大きく、遮蔽物を貫通したり、目標に瀕死の重傷を負わせることが可能であった。現在はより大口径の7.62mm×51弾を使用するG3Kカービンに換装された。

❷L119A1カービン

　SASの標準個人武器。イラストはステンシルを用いてカムフラージュ塗装されたL119A1で、EOTech社製光学照準器、PE-Q赤外線レーザー・イルミネーター、タンゴ・ダウン社製バーティカル・フォワード・グリップ、サウンド・サプレッサー（消音器）が装着されている。

❸L119A2カービン

　2014年に発表されたL119A2はL119A1の改良型である。コルト・カナダはカービンとCQBバージョンの2種類の銃身が異なるアッパー・レシーバーとともにこの銃をSASに納入している。イラストは上部に長いピカティニー・レール、倒して格納できる予備の「メタルサイト」、改良されたヴォルター社スタイルの銃床、フォアグリップの左右と下面にも計3本のピカティニー・レールを装備したL119A2である。マガジンには残弾数確認孔がある。サウンドサプレッサー（消音器）の装着が可能な銃口制退消炎器を備えている。

❹L119A2 CQBカービン

　L119A2カービンのCQB（屋内戦闘）バージョンは「ショーティー」のニックネームがあるL119A1の市街地戦向けのタイプである。新型戦闘光学照準器（ACOG）、254mmのバレル（銃身）を備え、全長が短く建物内の掃討や、監視行動のため、車中に持ち込んでの携行に適している。

❺アキュラシー・インターナショナルAESスナイパー・ライフル

　7.62mm×51弾を使用するボルト・アクション式のライフルで、組み込みのサウンドサプレッサー（消音器）、折りたたみ式の2脚を備え、シュミット＆ベンダー社製の光学照準器を装着している。

❻アキュラシー・インターナショナルAWSMスナイパー・ライフル

　この極地戦スーパー・マグナム（AWSM）は.338ラプア・マグナム弾を使用する連発ボルト・アクション式の大口径遠距離狙撃用ライフルで、SASが採用後、この改良型がイギリス陸軍の一般部隊にL115スナイパー・シリーズとして採用された。イラストはサウンドサプレッサー（消音器）、折りたたみ式の2脚を備えている。

＊イラストの武器は同一スケールで描かれていない。

H&KモデルG3Kカービン。SASは強力な7.62mmNATO弾薬を射撃できるG3アサルトライフルの短縮型を北アイルランドで使用した。(Tokoi/Jinbo)

モデルL119CQBカービン。アメリカ軍制式のM4カービンに準じたカナダ・コルト社製の近距離戦闘向けカービン。(Tokoi/Jinbo)

トックを備えたFALライフルが使用された時期もあった。

このほか、ドアの錠を破壊できるハットン弾が使用できるレミントンのショットガンも使用された。

モデルL119A1ライフル

第1次湾岸戦争時の「グランビー」作戦でSAS連隊のパトロール隊は、40ミリ口径のM203アンダー・バレル・グレネード・ランチャーを装着した5.56mm×45弾薬を使用するM16ライフル（アーマライトAR15）と、同じ5.56mm×45弾薬を使用する軽機関銃ミニミ（LMG）を携行した。

イラクにおける活動中、目標建造物内で撮影された「タスク・フォース・ナイト」の隊員。サウンドサプレッサー（消音器）付きのカービンだけでなく、左腕の下にバレル（銃身）を切り詰めたタイプのレミントン870ショットガン（L74A1ソードオフ・ショットガン）も携行している。ショットガンの予備弾薬を銃の機関部に装着した「サイド・サドル」ループに収納している。

　国連軍の一員としてバルカン半島の旧ユーゴスラビア地域へ派遣されたSASの隊員は、イギリス軍の標準装備のL85A1ライフル（SA80）を携行した。

　「バラス」作戦に参加したSAS隊員は、いずれも5.56mm×45弾薬を使用するM16ライフルかカナダ・ディマコ（現コルト・カナダ）社製のM16ライフルとM4カービンで武装し、分隊支援火器としてミニミ（LMG）と7.62mm×51弾薬を使用するL7A1

SASの小火器　155

SASの特殊用途用武器と部隊章

❶レミントン870ショットガン

SAS連隊の北アイルランドにおける任務のひとつは、イギリス軍兵士が誘拐されたり人質にとられた際、即時救出を可能とする能力の提供であった。このドアの施錠や蝶番を破壊する12番ゲージのハットン「突入弾」を使用する、折りたたみ可能な銃床を備えたレミントン社製の870ショットガンは、この任務に重要な武器だった。

❷H&KMP５Kサブマシンガン

9mm×19口径のピストル弾薬を使用するため、貫通力は小さいが、スタンダードのMP5サブマシンガンよりも33cm短いMP5Kは北アイルランドでUKSFが広汎に使用した。イラストは30発容量のマガジン2個をクランプで連結させている。

❸L74A1ショットガン

L74A1は、12番ゲージの弾薬を使用するレミントン870ショットガンのイギリス軍特殊部隊向けの制式名称だ。アフガニスタンで使用するために改造されたL74A1は折りたたみ式銃床、タンゴ・ダウン社製のフォアグリップ、エイムポイント社製の光学照準器を備え、銃の右側にはPEQ-15レーザー・イルミネーターが取り付けられている。このイラストのL74A1は隊員の手でカムフラージュ・ペイントが施され、スリングはほかの装備品のものを流用しているようである。

❹SAS（特殊空挺部隊）の部隊章

この部隊章はサンド・カラー（砂色）のベレー帽に装着する。図案中央のモチーフは、特殊部隊隊員を含め多くの人が「翼の付いた短剣」と誤解しているが、炎に囲まれたアーサー王のエクスカリバー（魔法の剣）である。剣先のスクロール（帯）には部隊のモットー「挑む者に勝利あり」の文字がある。

❺SBS（特殊舟艇部隊）の部隊章

この部隊章はイギリス海兵隊のコマンドゥが着用するグリーンのベレー帽に装着する。この剣もエクスカリバーで、波から突き出した図案になっている。スクロールにはSBSのモットー「力ではなく、策略によって」の文字がある。

❻SRR（特殊偵察連隊）の部隊章

この部隊章はイギリス陸軍歩兵部隊の多くが着用するカーキ色のベレー帽に装着する。やはりエクスカリバーが描かれ、古代ギリシャのコリント人の鉄兜と組み合わせた図案である。スクロールの文字は「偵察」だ。

❼SFSG（特殊部隊支援群）の部隊章

この部隊章は下向きのエクスカリバーと稲妻の組み合わせで、閃光は降下地点を表す。戦闘服や制服の右上腕部に装着する。SFSGの隊員は原隊のベレー帽と帽章を着用する。

汎用機関銃（GPMG）を携行した。

　2000年に競合３社による5.56mm×45弾薬を使用するライフルの選定試験が行なわれ、H&K社のモデルＧ36、SIGザウァー社のモデルSG551、カナダ・ディマコ社のモデルC8SFWが試験され、これらの各ライフルは過酷なテストを受けた。

　最終的にカナダ・ディマコ社のモデルC8SFWの改良型が選定され、イギリス軍の制式名称、モデルL119A1ライフルが特殊部隊の個人装備として採用された。

　標準型はバレル（銃身）全長400ミリのアサルト・ライフルで、必要に応じてバレルなどの主要部を交換して、全長の短いカービンやさらに小型の屋内戦闘用のCQBカービンにも変更できる。

　カービン・バージョンのバレルは250ミリで、特殊部隊向けの小型個人武器（UCIW）として使えるCQBカービンのバレルは200ミリとなっている。

　UCIWはアフガニスタンにおいて実戦で使用され、ボディーガードや侵入者、軍用犬ハンドラー、衛生兵など、主に直接戦闘に加わらない隊員が自衛用に装備した。L119A1ライフルは、2013年に小改良が加えられてL119A2になった。

　▶2007年にイラク南部で撮影された温帯用迷彩（DPM）スモック（上衣）と砂漠用迷彩のトラウザーを着用したSAS隊員。この組み合わせはアフガニスタンでよく見られた。市街戦闘用の短銃身のL119A1カービンを携行し、顔が塗りつぶされていることからMSA Sordinヘッドセットを確認することはできないが、プレート・キャリアの左肩にCT5ハンドセットが装着されている。マガジン・パウチの後ろにファストロープ用のグローブが押し込まれているのが見て取れる。

L108A1ミニミパラ系軽機関銃（分隊支援火器）。SASは短銃身と折りたたみ式ストックを装備し、携帯性が良好なL108A1を採用している。(Tokoi/Jinbo)

L7A1汎用マシンガン（GPMG）。イギリス軍が制式採用している同マシンガンをSASも汎用マシンガンとして広く使用している。(Tokoi/Jinbo)

スナイパー・ライフル

　SASのスナイパーは、7.62mm×51弾薬を使用するH&K社製のモデルPSG-1ライフルや、.22-250弾薬を使用するフィンランドのティッカ社製のモデル55ライフルをはじめとして、数多くのスナイパー・ライフル（狙撃銃）を使用してきた。

　現在のスナイパー・ライフルの代表格となっているのは、アキュラシー・インターナショナル（AI）社製の製品だ。SBSとSASは同社最初の軍のユーザーで、1985年にSAS連隊は

H&Kモデル417。SASは接近戦闘と狙撃の双方で利用できるマークスマンライフルとしてH&Kモデル417を採用している。(Tokoi/Jinbo)

バーレットモデル82A1アンチ・マテリアル・ライフル。SASにとって戦闘地域で敵対勢力の持つ12.7mmクラスの重機関銃と同等の射程を得られる点で重要な火器だ。(Tokoi/Jinbo)

7.62mm×51弾薬を使用するAI社製のモデルPMスナイパー・ライフルの派生型を32挺調達した。

　イラクとアフガニスタンではSASは、より大型の8.6mmラプア・マグナム弾を使用するAI社製のL115A1スナイパー・ライフルを長期間使用した。

　のちにSASはカナダで開発されたPGW社製のモデル・ティンバーウルフ・スナイパー・ライフルを採用し、狙撃銃の主力はこのモデルに移行した（監訳者注：2014年当時の情報であ

る）。

　SASは攻撃部隊のバックアップを行なうために7.62mm×51弾薬を使用するセミ・オートマチックのH&K社製のモデル417をマークスマン・ライフルとして採用した。対物破壊や1000メートルを超えるような遠距離目標の狙撃を目的にした大口径の対物破壊（アンチ・マテリアル）ライフルとして、12.7mm×99弾薬を使用するAI社製のモデルAW50ライフルやアメリカ・バレット社製のモデル82A1ライフルも作戦で使用している。

進化するスタン・グレネード

　重要な対テロ戦闘武器のスタン・グレネード、別名「フラッシュバン」も、MP5サブマシンガンと同様にSASの代表的な武器である。

　最初はサンダーフラッシュを原型とした陽動兵器として開発されたフラッシュバンを、SASのポートン・ダウンの技術者が改良し、これがスタン・グレネ

マルチ・スタン・グレネードN582。家屋突入時などで使用される閃光爆音グレネードで、殺傷能力は低く抑えられている。(Tokoi/Jinbo)

ード・モデルG60となった。

　閃光と爆音で敵の聴力と視力を重要な数秒間にわたり奪う「フラッシュバン」が最初に用意されたのは、1977年10月のモガディシュの人質救出作戦で、GSG9を支援するために急ぎ準備された。

　現在の最新型スタン・グレネードの代表例がドイツ・ラインメタル社製のモデルMk13BTV-ELなどで、従来のものより大幅な改良が加えられ、もはや初期の花火のようなマグネシウムを基剤とした火工品ではなくなっている。

　初期のスタン・グレネードも、敵を直接殺傷することのない非致死性武器だったが、大音響と強烈な閃光を発するとともに高熱も発した。モガディシュの人質救出作戦で、スタン・グレネードの提供を受けたGSG9が最終的に機内での使用を断念したのは、まったく訓練したことのない未知の武器だったこともあるが、発生する高熱で機内で火災が起こることを恐れた指揮官の判断だったと伝えられている。

　現実に1980年のイラン大使館の事件で発生した火災のうち、少なくとも1か所は「フラッシュバン」が原因と考えられている。最新型のスタン・グレネードは、破裂する際の発熱を極力抑えており、火災の原因となりにくい改良が施されている。

SASの小火器　163

参考文献

Asher, Michael,*The Real Bravo Two Zero: The Truth Behind Bravo Two Zero*（ブラボー・ツー・ゼロの真相）London; Cassell & Co, 2002

Asher, Michael,*The Regiment: The Real Story of the SAS*（連隊：SASの実話）London; Penguin Books, 2008

Atkinson, Rick,*Crusade: The Untold Story of the Persian Gulf War*（十字軍：湾岸戦争の秘話）New York; Houghton Mifflin, 1993

Coburn, Mike,*Soldier Five: The Real Truth About The Bravo Two Zero Mission*（5人目の兵士：ブラボー・ツー・ゼロ任務の実相）London; Mainstream Publishing, 2004

Collins, Colonel Tim,*Rules of Engagement: A Life in Conflict*（交戦規定：紛争下の生活）London; Headline, 2006

Connor, Ken,*Ghost Force: The Secret History of the SAS*（幽霊部隊：SASの秘史）London; Cassell & Co, 1998

Crossland, Peter 'Yorky',*Victor Two: Inside Iraq: the Crucial SAS Mission*（ヴィクター・ツー：イラクの内側：SASの重要作戦）London; Bloomsbury Publishing, 1997

Curtis, Mike,*CQB: Close Quarter Battle*（近接戦闘）London; Corgi, 1998

Dorman, Dr Andrew M,*Blair's Successful War: British Military Intervention in Sierra Leone*（ブレアの勝利：イギリスのシエラレオネ軍事介入）Surrey; Ashgate Publishing, 2009

Firmin, Rusty,*The Regiment: 15 Years in the SAS*（連隊：SASでの15年）Oxford; Osprey, 2015

Fowler, Will,*Certain Death In Sierra Leone: The SAS and Operation Barras 2000*（シエラレオネでの確実な死：2000年SASと「バラス」作戦）Raid 10 Oxford; Osprey, 2010

Geraghty, Tony,*This is the SAS: A pictorial history of the Special Air Service Regiment*（これがSASだ：特殊空挺連隊のイラスト史）London; Fontana/Collins, 1983

Geraghty, Tony,*Who Dares Wins: The Special Air Service-1950 to the Gulf War*（挑む者に勝利あり：特殊空挺連隊 1950年から湾岸戦争まで）London; Abacus, 2002

Harnden, Toby,*Bandit Country: The IRA and South Armagh*（敵性領土：IRAと南アーマー）London; Coronet Books, 2000

Jennings, Christian,*Midnight In Some Burning Town: British Special Forces Operations from Belgrade to Baghdad*（深夜に燃えさかる町：ベルグラードからバグダッドまでのイギリス特殊部隊作戦）London; Weidenfeld & Nicolson, 2004

Lewis, Damien,*Operation Certain Death: the inside story of the SAS's greatest battle*（作戦確実死：SASの偉大なる作戦の真相）London; Century, 2004

Lewis, Damien,*Zero Six Bravo: 60 Special Forces. 100,000 Enemy. The Explosive True Story*（ゼロ・シックス・ブラボー：60人の特殊部隊隊員と10万の敵兵・過激な実話）London; Quercus, 2013

Nicol, Mark,*Ultimate Risk*（極限のリスク）London; Macmillan, 2003

Ratcliffe, Peter, DCM,*Eye Of The Storm: Twenty-five Years In Action With The SAS*（嵐の目：SASとともに行動した25年）London; Michael O'Mara Books, 2000

Robinson, Linda,*One Hundred Victories: Special Ops and the Future of American Warfare*（100の勝利：特殊作戦とアメリカの未来戦）Philadelphia; Public Affairs, 2013

Spence, Cameron,*All Necessary Measures*（すべての必要手段）London; Penguin, 1999

Spence, Cameron,*Sabre Squadron*（中隊）London; Penguin, 1998

Taylor, Peter,*Brits: The War against the IRA*（イギリス人：IRAとの戦い）London; Bloomsbury Publishing, 2001

Urban, Mark,*Big Boys Rules: The SAS and the Secret Struggle against the IRA*（強者の論理：SASが隠すIRAとの激戦）London; Faber & Faber, 1992

Urban, Mark,*Task Force Black: The Explosive True Story of the SAS and the Secret War in Iraq*（タスク・フォース・ブラック：SASとイラク秘密戦の過激な真相）London; Little Brown, 2010

Urban, Mark,*UK Eyes Alpha*（アルファに目を向けるイギリス）London; Faber & Faber, 1996

Walker, Greg,*At The Hurricane's Eye: US Special Operations Forces from Vietnam to Desert Storm*（ハリケーンの目：ベトナムから「砂漠の嵐」までのアメリカ特殊作戦部隊）New York; Ivy Book, 1994

監訳者のことば

　かつて私は銃砲の調査・研究のため、イギリスにある「パターンルーム」と呼ばれる非公開の武器コレクション収蔵施設をしばしば訪れた。そこにあるのはイギリス政府が保管する各種の銃砲で、まさに世界中のとりわけ軍用の小火器が集められていた。

　ここを訪れると毎日、朝から夕方まで、さまざまな銃を直接、手にして操作方法や作動の仕組みを調べたり、分解・結合の要領を確認させてもらった。

　主任管理者のハーブ・ウッドエンド氏とは銃砲に対する関心を通じて公私共に親しくお付き合いすることになり、訪問時には毎回、週末に氏の自宅に泊めてもらい、近所のパブで深夜まで銃砲談義が尽きない間柄となった。残念ながら彼は亡くなり、その後「パターンルーム」のコレクションは、ほかの場所に移され、より秘密めいたものとなった。

　なぜこのようなエピソードを披露するのかと、読者は不思議に思うかもしれない。じつは私の「パターンルーム」訪問と本書は思わぬつながりがあるのだ。ここでの調査中のこと、ジーンズ姿のラフな服装の屈強な若者が数人でやってきて、収蔵品の銃砲を箱に詰めて、民間車両と変わらないバンに載せてどこかに持ち出していく場面にしばしば出会った。

　運び出されていたのは、あるときは旧ソビエト／ロシア軍の装備品であり、あるときは特定の地域で多く使用されている銃

器だった。

　ウッドエンド氏に彼らは何者なのかと尋ねると、氏はニヤッと笑い指を口に当てると、「秘密の仕事をしている兵隊たちだよ」と言葉少なに教えてくれた。疑いなく彼らはＳＡＳの隊員たちであった。

　ＳＡＳがこれから実任務に派遣する隊員たちの教育訓練のため、派遣先の地域で使用されている実物の武器の教材として、ここのコレクションを活用していたのだ。

　たとえ私服姿でも彼らは独特の雰囲気を漂わせており、ふつうの若者とは違っていた。おそらく厳しい訓練を通して体の一部になっている何かが、周囲をけん制していたに違いない。

　本書には北アイルランドで任務中のＳＡＳ隊員たちは住民のなかにうまく溶け込めなかったとの記述があるが、納得できる指摘だ。ちなみに彼らはボンバージャケットを着ていなかった。

　私が直接、ＳＡＳ隊員たちと言葉を交わすことはなかったが、職務上ウッドエンド氏は武器情報を通じて彼らと関係が深く、氏を通じて興味深い話を聞くことができた。ここでその多くを紹介することはできないが、そのなかの武器に関する話を少し紹介しよう。

　ＳＡＳの作戦は危険な地域に少人数で投入されることが多い。作戦は彼らの身体的な能力や技術・技能だけを頼りに計画されるのでなく、事前に作戦に必要なあらゆる情報が与えられる。戦闘中、対峙することになるであろう敵の武器に関する情報もきわめて重要で、それが役立っているからこそ、限られた兵力で大きな成果を上げる理由のひとつだという。

監訳者のことば　167

ＳＡＳは、イギリス軍の一般部隊と異なり、さまざまな武器を独自に採用している。なかには特別仕様のものもある。たとえばマニュアルセフティを追加装備させたグロック・モデル17ピストルなどがよい例だ。50口径（12.7mm弾を使用）のバーレット・モデル82スナイパーライフルは、少人数で行動する彼らが強力な火力を発揮できるうってつけの武器だ。そのため開発・実用化後のきわめて早い時期に採用している。

　しかし、ごく初期のバーレット・モデル82には欠陥があった。それは銃をコックしてセフティでロックし、その状態で引き鉄を引き、その後セフティを解除すると暴発してしまうのだ。ＳＡＳはこれをいち早く発見し指摘した。メーカーは早速改善し、以降、欠陥は解消された。

　本書『ＳＡＳ英陸軍特殊部隊』（The SAS 1983-2014）は、軍事・戦史研究の分野で定評があるオスプレイ社の「エリート」シリーズの１冊である。著者のリー・ネヴィル氏は、このシリーズで多くの著作があり、欧米諸国の軍事、現代戦史、とくに特殊作戦部隊の任務や運用と、その兵器や装備品について精通しているジャーナリストである。本書は同氏著作の邦訳『米陸軍レンジャー』『欧州対テロ部隊』（いずれも小社刊）の続編といえる。

　さて、近代の戦史で編制上初めて創設された特殊作戦部隊は、第２次世界大戦中のイギリス軍の「コマンドゥ」とアメリカ軍の「レンジャー」である。本書ではイギリス陸軍特殊空挺部隊「ＳＡＳ」の1980年代以降の戦歴を中心に紹介しているが、ＳＡＳの起源は第２次世界大戦中、コマンドゥの一部隊として

北アフリカ戦線でドイツ軍の補給路や飛行場を襲撃した長距離砂漠挺進隊である。大戦後の一時期、ＳＡＳは解散したが、1950年代に復活し、アジア地域の植民地紛争に派遣されている。

　1970年代に入ってＳＡＳに大きな転機が訪れる。それはミュンヘン・オリンピック襲撃事件で、これを契機に世界各国で対テロ作戦部隊が創設されることになり、西ドイツ国境警備隊のＧＳＧ９やフランス・パリ警視庁のＢＲＩ-ＢＡＣなどが誕生した。ほかの多くの国が対テロ作戦を警察や法執行機関の特殊部隊に委ねたのに対し、イギリスは軍隊の特殊部隊にこの任務を与え、ＳＡＳは軍事作戦での特殊任務だけでなく、英国王など要人の警護や、北アイルランドでの治安維持活動、さらに対テロ作戦にも投入されることになり、1980年のイラン大使館占拠事件で、その実力と新たな役割が世界に知られることになった。

　同じ軍の特殊部隊であるアメリカ陸軍の第75レンジャー連隊やデルタ・フォースは、軍事作戦おいて運用されるのに対し、ＳＡＳは幅広い任務に対応しているのが大きな特色である。

　本書に掲載されている写真のほとんどが、ＳＡＳ隊員たちの顔や所属がわかる部分が秘密保持のため黒く塗りつぶされているように、ＳＡＳは世界の特殊部隊のなかでも、最も厚いベールで覆い隠されている。公式に発表されている資料や映像はほぼ皆無といってよい。

　本書は、そんなＳＡＳの実像に迫った数少ない労作であり、多くの読者には新鮮な驚きと興味が尽きないことだろう。

THE SAS 1983-2014
Osprey Elite Series 211
Author Leigh Neville
Illustrator Peter Dennis
Copyright © 2016 Osprey Publishing Ltd. All rights reserved.
This edition published by Namiki Shobo by arrangement with
Osprey Publishing, an imprint of Bloomsbury Publishing PLC,
through Japan UNI Agency Inc., Tokyo.

リー・ネヴィル（Leigh Neville）
アフガニスタンとイラクで活躍した一般部隊と特殊部隊ならびにこれら部隊が使用した武器や車両に関する数多くの書籍を執筆しているオーストラリア人の軍事ジャーナリスト。オスプレイ社からはすでに6冊の本が出版されており、さらに数冊が刊行の予定。戦闘ゲームの開発とテレビ・ドキュメンタリーの制作において数社のコンサルタントを務めている。www.leighneville.com

床井雅美（とこい・まさみ）
東京生まれ。デュッセルドルフ（ドイツ）と東京に事務所を持ち、軍用兵器の取材を長年つづける。とくに陸戦兵器の研究には定評があり、世界的権威として知られる。主な著書に『世界の小火器』（ゴマ書房）、ピクトリアルIDシリーズ『最新ピストル図鑑』『ベレッタ・ストーリー』『最新マシンガン図鑑』（徳間文庫）、『メカブックス・現代ピストル』『メカブックス・ピストル弾薬事典』『最新軍用銃事典』（並木書房）など多数。

茂木作太郎（もぎ・さくたろう）
1970年東京都生まれ、千葉県育ち。17歳で渡米し、サウスカロライナ州立シタデル大学を卒業。海上自衛隊、スターバックスコーヒー、アップルコンピュータ勤務などを経て翻訳者。訳書に『F-14トップガンデイズ』『スペツナズ』『米陸軍レンジャー』『欧州対テロ部隊』『シリア原子炉を攻撃せよ（近刊）』（並木書房)がある。

ＳＡＳ英陸軍特殊部隊
―世界最強のエリート部隊―

2019年12月5日　印刷
2019年12月15日　発行

著　者　リー・ネヴィル
監訳者　床井雅美
訳　者　茂木作太郎
発行者　奈須田若仁
発行所　並木書房
〒170-0002 東京都豊島区巣鴨2-4-2-501
電話(03)6903-4366　fax(03)6903-4368
http://www.namiki-shobo.co.jp
印刷製本　モリモト印刷
ISBN978-4-89063-393-7

スペツナズ
ロシア特殊部隊の全貌

M.ガレオッティ著／小泉悠監訳／茂木作太郎訳　ロシア軍最強の特殊部隊「スペツナズ」は高度の戦闘力と残忍さ、そして高い技術で名声を轟かせている。だがその詳細を知る人は少なく、存在は神格化されている。部隊の誕生から組織・装備まで多数の秘蔵写真とともに、その実像に迫る！

定価1800円＋税

米陸軍レンジャー
パナマからアフガン戦争

L.ネヴィル著／床井雅美監訳／茂木作太郎訳　米陸軍の中で唯一、部隊名に「レンジャー」を冠した第75レンジャー連隊——アフガニスタンやイラクの戦いではデルタフォースやシールズとともに特殊作戦に従事し、高い戦闘能力を発揮。今も進化を続けるレンジャー部隊の実像を初公開する！

定価1800円＋税

欧州対テロ部隊
進化する戦術と最新装備

L.ネヴィル著／床井雅美監訳／茂木作太郎訳　対テロ戦の道を切り開いたSAS英陸軍特殊部隊、ドイツのGSG9、フランスのGIGNの発展と作戦をたどりながら、これらの部隊を手本にして発足した30以上の欧州の対テロ部隊を紹介。各種戦術シナリオのイラストと最新の写真をもとに実像を詳述！

定価1800円＋税

M16ライフル
米軍制式小銃のすべて

G.ロットマン著／床井雅美監訳／加藤喬訳
プラスチックとアルミニウムで作られた斬新なM16ライフルは、以後60年間、数多くの改良が重ねられ、M4カービンに発展し、現在に至っている。ベトナム戦争に従軍した兵器専門家がM16ライフルの開発の歴史を詳述し総括。M16ライフルのすべて！

定価1800円＋税

AK-47ライフル
最新のアサルト・ライフル

G.ロットマン著／床井雅美監訳／加藤喬訳
取り扱いが容易で故障知らずのAK-47ライフルは使い手を選ばない。世界中の軍隊や反乱軍、ドラッグディーラー、少年兵、自由の戦士、テロリストらが高い殺傷力を誇るAK-47とその派生型を使っている。開発およびその有効性、最新の派生型を徹底検証！

定価1800円＋税

MP5サブマシンガン
対テロ部隊最強の精密射撃マシン

L.トンプソン著／床井雅美監訳／加藤喬訳
高い命中精度と発射速度を兼ね備えた堅牢な造りのMP5は、人質救出をはじめ、精密射撃が必要な状況下での戦術を一変させた。MP5の開発経緯から独特な作動メカニズム、多彩なバリエーション、運用の実際まで、そのすべてを解き明かす！

定価1800円＋税